YIJUN FANGMEI BAOZHUANG
CAILIAO YU JISHU

抑菌防霉包装
材料与技术

⊙ 杨福馨 等编著　⊙ 雷 桥 主审

化学工业出版社

·北京·

本书主要对霉菌的危害，抑菌防霉原理，抑菌防霉试验与性能测定，各种改性包装材料的制备、性能、抑菌防霉效果以及应用实例等进行了论述。本书可为功能性塑料包装与纸包装研究与制造提供有效的思路与方法，解决包装材料和包装产品的抑菌与防霉难题。

本书可供包装工程、食品科学、药品及化妆品领域的科研人员和工程技术人员参考。

图书在版编目（CIP）数据

抑菌防霉包装材料与技术/杨福馨等编著. —北京：化学工业出版社，2019.9
ISBN 978-7-122-35255-2

Ⅰ.①抑… Ⅱ.①杨… Ⅲ.①抑菌-包装材料-研究②防霉-包装材料-研究 Ⅳ.①TB485.6

中国版本图书馆 CIP 数据核字（2019）第 205700 号

责任编辑：赵卫娟　　　　　　　　　装帧设计：韩　飞
责任校对：宋　玮

出版发行：化学工业出版社（北京市东城区青年湖南街 13 号　邮政编码 100011）
印　　装：北京印刷集团有限责任公司
710mm×1000mm　1/16　印张 10　字数 160 千字
2020 年 1 月北京第 1 版第 1 次印刷

购书咨询：010-64518888　　售后服务：010-64518899
网　　址：http://www.cip.com.cn
凡购买本书，如有缺损质量问题，本社销售中心负责调换。

定　　价：58.00 元

前言

微生物具有分布广、种类多、生长旺、繁殖快、适应强、易变异等特点，有害的微生物会对人类造成很大的伤害。随着人们生活水平和对健康卫生要求的提高，抗菌材料在 20 世纪 90 年代兴起，并迅速发展起来，目前已经广泛应用于包装、家电、建筑材料、通信等领域。近几年我国的抗菌材料研究、开发和应用获得了长足的进步，在抗菌塑料、抗菌陶瓷、抗菌纤维等方面都取得了较好的成果。

全书首先介绍了霉菌的危害、抑菌防霉原理、抑菌防霉试验与性能测定等基础知识。然后，对 CP-EF 改性 LDPE 抑菌防霉薄膜、改性氟树脂/山梨酸/丙酸钙-低密度聚乙烯抑菌防霉薄膜、苯甲酸钠/改性氟树脂改性 LDPE 抑菌防霉薄膜、PVDC 改性 LDPE 抑菌防霉薄膜、山梨酸钾/改性 SD 树脂/丙酸钙改性 LDPE 抑菌薄膜、CA-CP 改性 LDPE 抑菌薄膜、涂布抑菌防霉包装纸的制备、性能和抑菌防霉效果等进行了分析。最后介绍了抑菌防霉包装的应用。本书对包装新材料与包装产品的开发和产业化具有很好的指导作用。

本书力求全面介绍抗菌材料研究的理论、技术、方法、性能分析及应用，但限于编者水平和对相关信息的掌握，难免会有遗漏或不当之处，请读者指正并提出宝贵意见。

编著者
2019 年 7 月

目 录

CONTENTS

第六章　苯甲酸钠/改性氟树脂改性 LDPE 抑菌防霉薄膜　063

第一章 概　述

第一节

霉菌及其危害

一、霉菌的危害

霉菌会给人类造成很大的伤害，仅就工业领域来说，它能使工业材料或制品，仪器或设备等产生霉点、腐败和破坏。通常把霉菌引起的破坏作用叫做霉变，而将防止霉变的工作叫做防霉；把霉菌或酵母菌引起的破坏作用叫做腐败，而将防止腐败的工作叫做防腐。

霉菌具有分布广泛、繁殖迅速、代谢旺盛、易于变异和适应性强等特点。只要环境条件适宜，霉菌就会在各种工业材料或制品上生长繁殖，产生水解酶、有机酸、氨基酸和有害的毒素，这不仅影响材料或制品的外观和质量，而且还会污染环境，危害人畜健康，必须引起足够的重视并切实做好防范工作。

二、霉菌的种类及形成分布

1. 种类

自然界中霉菌种类很多，其形成与分布也多种多样。例如，曲霉属分为18个群，132个种和18个变种；而青霉有二百几十种，其孢子耐热性强、繁殖温度低，酸味饮料中的酸味剂是其喜好碳源，这类食品中易长青霉。曲霉和青霉是最多、最广泛的两类霉属，而且这两类霉属有亲缘关系。自然界常见的霉菌主要有十种，见表1-1。

表 1-1　常见霉菌种类一览表

序号	1	2	3	4	5	6	7	8	9	10
霉菌名称	黑曲霉	黄曲霉	变色曲霉	橘青霉	拟青霉	蜡叶芽枝霉	木霉	球毛壳霉	变链孢霉	毛霉

2. 形成分布

（1）黑曲霉

黑曲霉广布于自然界中，能在各种基质上生长，有旺盛的生命力，因此是工业材料和制品常见的污染菌。黑曲霉被广泛应用于发酵工业，它能分解有机质，产生多种有机酸，如柠檬酸、抗坏血酸等。利用它可制备各种酶制剂，如糖化酶、蛋白酶、纤维素酶等。它还可用作饲料发酵，以提高粗饲料的利用价值。

在察氏琼脂培养基或麦芽汁琼脂培养基上生长时，菌丝初为白色，常出现黄色区带，厚绒状。反面无色或略带黄褐色。孢子呈黑色、球形，菌落繁殖很快。

（2）黄曲霉

黄曲霉广布于自然界，可以从粮食、食品、土壤、腐败的有机物上分离得到。它能引起许多工业材料或制品的霉变腐败。黄曲霉中的某些菌种能够产生毒性很强的黄曲霉素，并诱发体内细胞的癌变。有些黄曲霉菌则会产生有机酸和酶类。黄曲霉的繁殖力很强，菌落生长很快，最初为黄色，后变成黄绿色，呈平坦或放射形，反面无色或带黄褐色。分生孢子头疏松，呈放射状。分生孢子为球形或鸭梨形。

（3）变色曲霉

变色曲霉又称杂色曲霉，该菌分布极广，经常出现在空气、土壤、粮食及腐败的有机物上，也是引起工业材料或制品霉腐的主要微生物。该类菌的某些菌种能够产生杂色曲霉毒素，诱发人和动物细胞的癌变。

该菌的菌落生长局限，呈绒毛或絮状，颜色变化范围很广。由于种的不同，可能呈灰绿、浅黄，甚至粉红色。反面近于无色或黄橙色，有时为灰褐色。分生孢子头疏松，呈放射状。分生孢子为球形。

（4）橘青霉

橘青霉菌广布于自然界中，在土壤、粮食、腐败有机物等上面都能找到它。它能使贮藏的大米变黄，并产生毒素，危害农作物（特别是水果），使人和动物患病，使工业材料或制品霉变，因此也是常见的有害菌。但有些菌种能产生有机酸和酶类。

橘青霉属于不对称青霉，菌落生长局限，有放射状沟纹，大多数菌丝为绒状，少数为絮状，青绿色。反面为黄色或橙色，有时为灰褐色。分生孢子为球形或近乎球形，光滑或近于光滑。

（5）拟青霉

拟青霉菌普遍存在于自然界中，可以从土壤、粮食、食品及腐败的有机物上分离得到，也是使工业材料或制品发生霉腐的代表菌种。

该菌的菌落为白色、浅粉红色或黄褐色，质地紧密，呈毡状或松絮状。反面呈浅灰色或灰褐色。子实结构变化较大，从相当复杂的帚状分枝到只有单个小梗着生于菌丝上。小梗的基部膨大，上部逐渐变尖，成为一个细长的、产生分生孢子的管状体。分生孢子呈卵形或长椭圆形，大多数光滑。

（6）蜡叶芽枝霉

蜡叶芽枝霉也叫蜡叶枝孢霉，也是常见的霉腐菌。大多数生长在皮革、木材、纸张、食品、纺织品等上面。

在察氏琼脂培养基或麦芽汁琼脂培养基上生长时，菌落呈厚绒状，呈黄绿色或暗绿色，有时呈灰褐色。反面呈灰褐色或黑色。分生孢子梗直立，分隔，有短梗，呈褐色。分生孢子由梗的顶端形成，幼时为单细胞，椭圆形；老后分隔，呈长椭圆形。

（7）木霉

木霉广布于自然界，主要存在于腐败的木材、农作物残体及其它有机物上面，也是常见的霉腐菌。它能产生分解力很强的纤维素酶，使工业材料或制品遭到破坏。

木霉在察氏琼脂培养基或麦芽汁琼脂培养基上生长时，繁殖速度很快。菌落呈棉絮状或致密丛束状，表面颜色为绿色、铜绿色或略带黄绿色。反面为无色或浅褐色。菌丝透明，分枝复杂。孢子呈球形或椭圆形，无色，光滑。

（8）球毛壳霉

球毛壳霉菌广布于自然界中，在土壤、杂草、植物种子及杂食动物的粪便中都能分离到它，是工业材料或制品常见的污染菌，它能在许多纤维织物上生长。

在察氏琼脂培养基或麦芽汁琼脂培养基上生长时，菌落最初为白色，后变成浅褐色。反面为无色或浅褐色。子囊壳为灰褐色或橄榄褐色，卵圆形。

（9）变链孢霉

该霉又叫链格孢霉，这类菌的分布也很广，在土壤、空气、腐败的有机物等上都能找到它，是工业材料或制品常见的霉腐菌，同时又是某些农作物的寄生菌。该菌要求比较潮湿的生长环境，因此，湿度较高时，繁殖很快。

菌落呈绒状，灰黑色或褐色。分生孢子梗单生或成簇，大多数不分枝，较短，与营养菌丝几乎无差别。

（10）毛霉

毛霉菌在湿度比较大的地方繁殖，因此，当工业材料或制品的含水量比较高或环境的相对湿度比较大时，很容易污染此菌。

毛霉的菌丝体能在基质内（或上）广泛蔓延，没有假根和葡萄菌丝，孢囊梗直接由菌丝体生出，一般单生或分枝。孢囊孢子呈球形或椭圆形。

第二节

抑菌防霉材料研究

一、悠久的研究历史

　　抑菌防霉材料也就是抑菌或抗菌材料，人们很早就开始有意无意地使用天然抗菌材料了。沉睡在埃及金字塔中的木乃伊可能是人类有意识地使用的最早的抗菌实例了，当然其所用的植物浸渍液也就成为了人们最早使用的抗菌剂。在我国古代，人们也有利用植物浸渍液制成抗菌物品进行抗菌防病的记载。

　　国外有记载的系统研究较早。1935 年德国人 G. Domark 采用季铵盐处理军服以防止伤口感染，从此揭开了现代抗菌材料研究和应用的序幕。随着科技的发展和人们生活水平的提高，对卫生和健康的要求越来越高，抗菌产品也逐渐从军用转变为民用而迅速发展起来。抗菌塑料、抗菌纤维、抗菌陶瓷及抗菌钢铁等抗菌材料均已面市，应用于各领域，深受消费者欢迎。

　　抑菌防霉材料可归类为抗菌材料，但抑菌防霉材料重点是防霉菌，其内容大同小异。抗菌材料指自身具有杀死或抑制微生物功能的一类新型功能材料。自然界许多物质本身就具有良好的杀菌和抑制微生物的功能，如部分带有特定基团的有机化合物，一些无机金属材料及其化合物，部分矿物和天然物质。由于抗菌材料能杀灭和抑制沾污在其表面的微生物，可保持材料表面的自身清洁状态，因而被广泛用于制备卫生制品。

二、抑菌防霉材料的应用

　　抑菌材料的研究始于 20 世纪 80 年代初，当时欧美开始集中研究有机抗菌剂，到目前其主要的应用还仅局限于普通日用品中，近年已开始逐渐应用于玩具中，但总体的规模和影响都不是很大。抗菌材料的研制和应用最为发达的国家是日本。日本在 20 世纪 80 年代开始集中研究银系无机抗菌剂及其在各种材料中的应用，很快取得了进展。20 世纪 80 年代日本频发的 MRSA 院内感染、O-157 流行和食物中毒事件以及 PL 法（product liability，制造者责任）的实施更是大大促进了日本抗菌剂和抗菌材料的研制和应用。

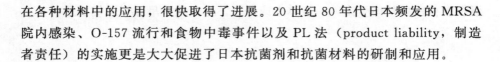

第三节
抑菌防霉技术

一、抑菌防霉材料的抗菌剂

目前，抗菌材料的研制和生产的核心是抗菌剂的研制和生产。抗菌剂主要有无机抗菌剂、有机抗菌剂、天然抗菌剂。在这几类抗菌剂中有机抗菌剂耐热性较差、易分解，天然抗菌剂耐热性差、加工困难且研究时间短，因此各类抗菌剂各有特点，同时各种抗菌剂都有自己比较适合的应用领域。目前应用最为广泛的是耐热性好、抗菌谱广、有效期长的无机抗菌剂。

二、抗菌剂的嫁接方法

抗菌剂嫁接方法主要有直接添加混炼法、抗菌剂母粒制作法和涂布或渗透法。

（1）直接添加混炼法

直接添加混炼法是将抗菌剂添加到树脂中，混合均匀后直接进行成型加工，制备得到相应的抗菌塑料制品。直接添加法操作简单，抗菌剂添加量可以准确控制，缺点是抗菌剂在抗菌制品中总体分布（宏观均匀性）虽然均匀，但在塑料基材中的分散性（微观均匀性）受材料、抗菌剂的相容性及加工工艺的限制，往往抗菌剂是以一定的团聚体分布在塑料基材中，分散性能差，因此相对抗菌性能较差。

（2）抗菌剂母粒制作法

为了避免直接添加法制备的抗菌制品中宏观均匀、微观分散性差的问题，可先将抗菌剂和基材树脂或与基材树脂有良好相容性的树脂通过双螺杆挤出机挤出制备成抗菌剂的浓缩母粒，用此方法制备的抗菌材料的抗菌剂浓度是普通抗菌制品的 25～50 倍。由于在制备母粒过程中抗菌剂和载体树脂经过了双螺杆的剪切和捏合，再通过成型过程的分散，母粒化抗菌剂在抗菌制品中的分散性较直接添加法要好得多，而且使用的抗菌母粒呈颗粒状，在成型操作中无粉尘飞扬，减少了生产过程的污染，使用过程不需要对抗菌剂进行表面处理，优化了抗菌塑料制品的生产工艺，因此抗菌剂母粒化后制备抗菌制品成为目前抗菌制品最主要的生产方法。

（3）涂布或渗透法

涂布法是将防霉剂制备成水剂或黏性流体，再将其分别涂布到纸或塑料的表面，经干燥固化而获得具有防霉功能的纸塑防霉材料。

渗透法是在液体介质中加入防霉剂进行溶解，得到防霉液体，再在防霉液体中放入纸或塑料，通过加热、加压等使防霉剂渗透到纸或塑料的内层，从而获得防霉功能的纸或塑料。

第四节

防霉包装材料的问题与发展

一、抑菌塑料薄膜的作用与制膜方法

1. 抑菌塑料薄膜的作用

塑料制品广泛使用于食品包装、家用电器、厨卫用品、汽车配件和医疗设备等领域。日常生活中塑料制品表面往往带有大量细菌，成为疾病传播的媒介，对人类健康产生很大威胁。抑菌塑料作为一种新型功能材料，可以从根源上解决细菌感染问题。抑菌塑料薄膜是一种具有抑菌和杀菌性能的新型材料，用抑菌塑料包装食品，通过缓释作用，可抑制或杀死食品表面细菌。抑菌塑料包装又称抗菌包装，即通过在包装材料内部或表面添加抗菌剂或运用满足传统包装要求的抗菌聚合物，杀死或抑制污染食品表面的腐败菌和致病菌，使被包装物能较长时间保存的一种包装技术。用于食品抗菌包装的材料主要有固定型、释放型、冲刷型塑料包装；抗菌涂层包装；直接加入抗菌剂的塑料包装；表面固定抗菌剂的塑料包装；表面改性的塑料薄膜。

2. 抑菌塑料薄膜的制膜方法

（1）造粒吹膜法

造粒即制备抗菌母粒，是目前最常用的制备方法。制备过程如下：将抗菌剂添加到树脂中，在双螺杆挤出装置中高温熔融并与基材树脂混匀，然后，通过切粒机制备抗菌母粒。吹膜法即通过单螺杆挤出装置将上述抗菌母粒进行高温熔融，冷却，收卷，得到双层桶状薄膜。

（2）造粒流延法

造粒过程同上，流延法利用塑料挤出装置将抗菌树脂融化，通过辊筒装置将薄膜均匀分散，最终得到单层平面薄膜。

（3）液体涂膜法

利用涂膜机，将加有抗菌剂的液体胶均匀涂抹在已加热好的薄膜表面，静置 45min，将成品膜取出。

二、塑料包装薄膜的抑菌机理

对于塑料包装薄膜抑菌机理的研究，目前还停留在较为浅显的层次。总的来说，大致可分为两种类型：内层释放型抑菌包装、外层非释放型抑菌包装。

1. 内层释放型抑菌包装

释放型抑菌包装是将具有抑菌功能的物质（食品级添加剂）直接添加在薄膜基材内制成薄膜，这类薄膜在包装食品过程中会不断向与其接触的食品表面释放抑菌物质，实现对食品的抑菌保鲜。常用的抑菌剂包括食品添加剂、抗生素和溶菌酶等。这类抑菌包装膜的研究和使用最为广泛。

2. 外层非释放型抑菌包装

复合材料的抑菌是通过在外层添加能够调节包装内封闭环境的物质或利用包装膜对气体的选择透过性调节包装内微环境实现抑菌。影响抑菌包装膜效果的因素很多。为确保抑菌包装的有效性，在制作使用抑菌包装时要充分考虑以下几个因素。

（1）充分了解所包装食品的主要易感菌数量及生长繁殖特性。这有助于针对性地选择抑菌剂的种类和添加量，选择最有效的包装内微环境调节指标，有助于准确估计抑菌包装的效果及其包装食品的寿命（保质期或最佳食用期）。抑菌包装的抑菌量和抑菌能力是有限的，所以，要求被包装食品尽可能避免起始污染。

（2）基材的选择对抑菌包装膜的功能也有非常重要的影响。这主要取决于基材与抑菌剂的相容性、生物学特性以及它与抑菌剂或微环境之间的相容性和包装膜自身的透明度。因此，基材的性质决定着抑菌包装膜的可使用性，合理的基材选择，也有利于提高抑菌包装膜的抑菌效果。

（3）抑菌包装中所添加的活性抑菌剂以及包装膜对环境或食品的稳定性也对抑菌包装的抑菌效果具有重要影响。这取决于抑菌包装的工艺设计，及其对活性抑菌剂与环境的阻隔效果。当然，选择安全性高、价格低、易获得、能被大众接受的材料是食品抑菌包装走向市场的有利条件。

三、纳米粒子改性塑料薄膜

1. 纳米材料选择

纳米材料是颗粒尺寸小于 10nm 的超细材料。它具有小尺寸效应、大比表面积效应、体积效应和量子隧道效应。纳米粒子尺寸较小，透光性好，加入塑料中可使塑料结构变得很致密，不仅有增大薄膜强度的作用，还能赋予基材其他新的性能。纳米粒子改性塑料按填料种类分为金属纳米塑料、无机非金属纳米塑料和有机纳米塑料，主要研究领域集中在低密度聚乙烯（LDPE）、高密度聚乙烯（HDPE）、超高分子量聚乙烯（UHMWPE）、聚丙烯（PP）、聚氯乙烯（PVC）、聚苯乙烯（PS）、尼龙（PA）、聚乙烯醇（PVA）和丙烯酸等方面。纳米粒子的加入主要改善力学性能、摩擦性能、电性能、阻隔性能、抑菌性能等。

2. 纳米材料在塑料薄膜中的应用

纳米包装材料是一种新型包装材料，通过向原有包装材料中加入纳米材料进行改性、复合，可使新材料具有纳米材料的表面等离子体性质，并表现出很好的抑菌性、力学性能和透气性等，目前已广泛应用于食品、环境、医药等领域。纳米材料能有效阻止微生物生长，延长产品贮藏期，特别是半透明塑料薄膜，添加纳米粒子后不但透明度得到提高，韧性、强度也有所改善，且防水性大大增强。杜运鹏等研究了纳米改性聚乙烯醇抗氧复合包装薄膜的制备及对山药保鲜的作用，发现纳米改性物质的加入提高了聚乙烯醇薄膜的拉伸强度，降低了薄膜的水蒸气透过系数和氧气透过量，延长了鲜切山药的保存期。余科林等用纳米聚乙烯包装袋包装草菇，显著延长了草菇的保存期。王超将表面改性纳米 TiO_2 添加到聚丙烯中，发现 5% 纳米 TiO_2 改性聚丙烯的弯曲强度、拉伸强度和冲击强度最优。纳米材料在延长保质期的同时能很好地维持产品的感官品质，但其安全性仍需进一步证实。纳米材料在食品包装过程中的迁移规律及在细胞内的生物毒性是未来研究的热点。

四、抗菌剂改性塑料薄膜

1. 抗菌改性塑料薄膜的定义

抗菌改性塑料薄膜是把树脂和抗菌剂组合起来，以提高食品货架期和安全性的功能薄膜。抗菌改性塑料薄膜是具有杀菌性和抑菌性的新型功能性薄膜，其核心成分就是抗菌剂，将微量抗菌剂添加到普通材料中制成的抗菌薄膜具有卫生自洁功能。

2. 抗菌剂的选取

抗菌剂改性塑料薄膜使用的抗菌剂分为无机抗菌剂、合成抗菌剂和天然抗菌剂。无机抗菌剂有两类，一是把无机化合物中具有抗菌功能的金属离子作为抗菌性物质；二是使用光化学反应中产生的原子氧来灭菌。合成抗菌剂中山梨酸可抑制细菌、真菌，特别是霉菌的生长。天然抗菌剂主要来自天然物的提取，如壳聚糖、甲壳素、山葵等，使用简便，但抗菌作用有限，耐热性较差，杀菌率低，不能广谱长效使用且数量很少。

3. 抗菌改性塑料薄膜的性能

抗菌改性塑料薄膜加工的关键是提高抗菌剂在树脂中的分散性、相容性和稳定性。其生产工艺复杂，既需满足树脂本身的性能，还要有抗菌能力。有资料显示，日本是抗菌食品包装薄膜研究最多的国家；此外，英国、法国、美国等国家的研究也已取得了长足进展。户帅锋的研究表明，添加2%以上山梨酸的山梨酸-LDPE薄膜对单增李斯特菌和金黄色葡萄球菌具有很好的抑制作用。尹兴等的研究表明，当纳米TiO_2的质量分数为4%时，纳米TiO_2/PLA抗菌薄膜具有优良的抑菌效果。以海藻酸钠为基材、1%（质量分数）甘油为增塑剂、2%$CaCl_2$溶液为交联剂、ε-聚赖氨酸作为抗菌剂，制备的具有抑菌性的复合膜，抗菌性随ε-聚赖氨酸浓度的增大而增加，ε-聚赖氨酸的添加量为8%时，薄膜抗菌能力最强。Gutiérrez等将肉桂精油固定于厚度$30\mu m$的聚丙烯薄膜上，使焙烤食品货架期延长了3～10d。李梅在LDPE中添加ZSM-5分子筛和二氧化钛制备了具有乙烯清除功能的抗菌保鲜薄膜。试验表明：分子筛含量为10%时，乙烯清除性最佳；二氧化钛含量5%时，薄膜抗菌率达到90%以上。魏丽娟研制的抗菌防雾包装膜用于香菇保鲜达到了很好的抗菌和保鲜效果。抗菌剂改性塑料薄膜作为一种新型食品包装材料，不仅能抑制微生物侵害食品，还极大地延长了食品的保质期。因此，抗菌剂改性塑料薄膜正逐渐应用到食品包装行业中。另外，把抗菌剂做成微软胶囊并与包材结合，也是抗菌改性塑料薄膜的另一个重要研究方向。

五、抑菌塑料包装薄膜的应用

当前食品的加工、贮藏和运输技术正不断发展，形形色色的食品可以流通到世界各国，这不仅需要食品有较长货架寿命，还需要在运输贮藏过程中保持新鲜。将防腐剂直接添加到食物中可起到较好的保鲜效果，但可能导致防腐剂过量使用，影响食品本身味道。

（1）在液体食品包装中的应用　新型包装材料能从根本上解决液体食品因微生物引起的变质和对人体健康的威胁。新型材料具有高阻隔性、抗菌性及防潮性等功能，其包装能够改善食品口感，抑制微生物生长，延长食品货架期。随着生活质量的提高，牛奶和饮料等日常饮品的包装安全问题逐渐引起了人们的关注，因此，包装材料的卫生安全就显得尤为重要。黄志刚等研究了壳聚糖与其他物质的共混改性及应用，已成为液体食品包装研究的新方向。万重等研究了新型高阻隔包装材料在乳品包装领域的应用，但还不能从根本上解决微生物导致的乳品变质。魏凤玉等研究了竹叶黄酮在豆浆保鲜中的应用，豆浆的保质期延长 8h，但对微生物的抑制效果有待进一步研究。

（2）在肉品包装中的应用　张玉琴等使用生物可降解聚乳酸（PLA）、聚乙烯醇（PVA）和聚己内酯（PCL），天然防腐剂乳酸链球菌素（Nisin）制备出抑菌薄膜，并用于冷鲜肉真空包装，在贮藏期内能够保持肉品色泽，延长冷鲜肉货架期 10d。Chen 等用 β-环糊精对柠檬醛进行包埋后制成壳聚糖薄膜，并用于牛肉片包装，可将新鲜牛肉的保质期延长 5d。

（3）在鱼品包装中的应用　杨福馨等用新鲜柚子皮与聚乙烯醇混合，研制出一种新型抑菌保鲜包装薄膜，并用于鱼品包装，改善了薄膜的性能，延长了鱼品的贮藏期。杨福馨等利用自制的抑菌抗氧包装袋和生物气调保鲜包装袋包装半干草鱼块，可使半干鱼品的保质期延长 $2\sim6d$。蒋硕等以聚乙烯醇为基材制得抗菌包装薄膜，并用于鳊鱼肉包装，发现添加 0.5g/100mL 茶多酚、对羟基苯甲酸乙酯，1.5g/100mL 丙酸钙的聚乙烯醇抗菌保鲜薄膜在 $(4\pm1)℃$ 对鳊鱼具有最佳的保鲜效果。

（4）在果品包装中的应用　张燕等制备出聚乙烯醇柠檬酸改性抑菌薄膜，并研究其对鲜切苹果保鲜性能的影响，结果发现质量分数为 2% 的柠檬酸改性的薄膜可使鲜切苹果保质期延长 5d。周斌等将柠檬草精油与聚乙烯醇复配成涂膜液，涂布于 LDPE 膜上，用于葡萄保鲜，发现该抑菌薄膜对葡萄的保鲜效果明显。Espitia 等将吸有牛至、肉桂和柠檬草精油的树脂制成小袋，结合包装木瓜的纸袋对木瓜进行包装，发现能延长木瓜的保质期。

（5）在蛋品包装中的应用　赵美美等用南五味子乙醇提取液复配 VC、柠檬酸及蔗糖脂肪酸酯、羧甲基纤维素和黄原胶制成抗菌乳状液，对鸡蛋进行涂膜保鲜，30℃条件下，可延长保质期 8d。龙门等将聚乙烯醇单膜和纳米 Fe^{3+}/TiO_2 改性聚乙烯醇基紫胶复合膜涂在新鲜鸡蛋表面，结果发现，鸡蛋的贮藏期可延长 50d 左右。顾凤兰等用聚偏二氯乙烯、纳米 $\alpha\text{-}Fe_2O_3$ 功能改性聚乙烯醇基蜂蜡复合材料和紫胶复合材料 3 种涂膜材料对清洁鸡蛋进行 2 次浸涂风干涂膜处理，结果发现 3 种抑菌涂膜材料均能显著提高鸡蛋的贮藏期。

六、研究与应用现状

1. 研究现状

（1）研究内容涉及面广、应用面多，形成多种成膜方法和众多产品的应用，未来将会有更多的成果出现。

（2）纳米改性的理论研究多，而用纳米材料改性成膜，并有实际应用效果的研究少。

（3）具有能形成产业化的抑菌薄膜研究较少，需要加强与产业相结合的研究，特别是工业化的抑菌薄膜亟待突破。

（4）抑菌剂与树脂的相容性研究仍是空白。

2. 应用现状

应用包括抑菌物料在塑料薄膜上的应用和制得的塑料薄膜在产品包装抑菌方面的应用。

（1）抑菌物料单一，缺少突破性的原理与技术。很多研究都是局限于已知的几种抑菌物料，如壳聚糖、甲壳素、纳米钛、纳米银等。再者如何将所选取的已知抑菌物料与聚合物结合，其结合方式和原理缺乏研究，需要大量的分析、试验和探索等，以便工程化应用。

（2）纳米抑菌塑料薄膜已流于形式，现有许多研究都把纳米技术作为热点，但是纳米原材料、纳米尺度与聚合物种类及流变问题，都未有相关报告，急需针对聚合物的特性进行研究与试验。例如纳米材料在聚合物中的分散性，就是抑菌塑料薄膜中的最大难题；另外，膜在经过高温混炼后，抑菌功能是否有影响？这也是研究中要解决的问题。

（3）抑菌塑料薄膜在产品上的抑菌研究十分欠缺。塑料薄膜研究与产品抑菌效果脱离，做薄膜的不做微生物研究测试；做微生物研究的不知如何通过抑菌薄膜实现。未来的研究应将两者结合。

（4）抑菌成分的量化问题。选择了抑菌成分后，为了实现最大的抑菌效果，需增大其用量，但很多抑菌成分加入聚合物中的比例很难提高，也不利于成膜。这需要各个参数的量化，如比例、温度、速度、温区长度等。

第二章 抑菌防霉原理

第一节

霉菌等微生物生存的条件

平时人们所讲的微生物一般都指细菌、霉菌和酵母菌，这些微生物都很微小，除霉菌外，其他都需要显微镜才能观察清楚。细菌的细胞大小为 $1\sim100\mu m$，绝大多数是几个微米，最小不到 $1\mu m$。酵母的细胞比细菌略大，但也只有几个微米。霉菌相对更大些，肉眼可以看到，但它们的孢子仍很小，跟酵母、细菌一样，容易附着在人体或物体上，到处移动，并从人体或物体上分离到空气中，附着在灰尘上，到处漂浮。

微生物的生存必须具备一定条件，这些条件可分为基础条件和关键条件，关键条件在基础条件之中。

一、基础条件

基础条件主要是指：碳源、氮源、能源、必要的微量元素等。

微生物所需要的碳源主要是淀粉、脂肪、纤维素、葡萄糖等有机化合物，还有二氧化碳、碳酸盐等物质。

氮源主要是尿素、硝酸盐、氨基酸等，还有大气中的氮。

能源主要从氧化某些化合物而得到，部分微生物能够利用光能。

微生物的生长还需要磷、硫、铁、镁、钠、钙等微量元素，尽管数量很少，但作用很大。

二、关键条件

关键条件就是水分、温度和 pH 值。

（1）水分（或水分活性）

水分对微生物来说具有非常重要的意义，各种营养成分必须先溶解于水，才能被细胞利用。酶反应也必须在有水的情况下才能进行。微生物的生长和活动需要一定的水分活性。需水量的多少，因微生物的种类不同而不同，一般来说，水分的需要程度是：细菌＞酵母＞霉菌，保持环境的相对湿度是很重要的。基质中的水分，特别是表层部分的含水量，随空气中的湿度而变化, 空气相对湿度高, 则基质表层的含水量也高; 空气相对湿度低, 则基质表层的含水量也低。与微生物的发育有密切关系的, 不是水分含量 (%), 而是水分活性 (water activity, 简写成 A_w)。基质中含有的水分, 不能全部为微生物所利用, 其一部分用于溶解基质的成分, 因此, 与可溶性物质少的基质相比, 可溶性物质多的一方水分活性就低, 微生物的繁殖就不容易。可溶性物质一旦溶于水, 水的一部分就捕获这种物质, 水蒸气压就降低。假如纯水的蒸气压为 P_0, 某种基质的水蒸气压为 P, 则这种基质的水分活性:

$$A_w = \frac{P}{P_0}$$

每种微生物和对应微生物的菌种都有特定的水分活性。水分活性低的基质, 菌的繁殖就差。一旦水分活性低于某种水平时, 整个繁殖过程就会停止。普通的菌, 水分活性在 0.995 左右。表 2-1 和表 2-2 分别为水分活性与微生物发育和菌种发育的关系。

表 2-1　水分活性与微生物发育的关系

微生物	发育的最低 A_w
普通细菌	0.90
普通酵母	0.88
普通霉菌	0.80
好盐细菌	≤0.75
耐干性霉菌	0.65
耐渗透压酵母	0.61

表 2-2　水分活性对菌种发育的影响

菌种	发育的最低 A_w
肉毒杆菌(发芽)	0.98
蜡叶芽孢杆菌(发芽)	0.97
无色杆菌属(发芽)	0.96
沙门氏菌	0.95
蜡叶芽孢杆菌(生长)	0.94
绿脓极毛杆菌	0.94
肉毒杆菌(生长)	0.93
根霉	0.93
大肠杆菌	0.92

续表

菌种	发育的最低 A_w
八叠球菌属	0.91
玫瑰式小球菌	0.90
金黄色葡萄球菌（嫌气）	0.90
金黄色葡萄球菌（好气）	0.87
黑曲霉	0.86
灰绿曲霉	0.81

（2）温度

温度是微生物发育的关键因素之一，微生物发育的温度范围一般是 $-10\sim70$℃。根据微生物发育程度，把发育最适宜的温度叫做最适温度。自然界中各种微生物的最适温度是有差别的，依据不同的最适温度可把微生物分为三类：即低温菌、中温菌和高温菌。表 2-3 为低中高温菌的发育温度区间。

表 2-3　低中高温菌的发育温度区间

种类	最低温度/℃	最适温度/℃	最高温度/℃
低温微生物	0	20～30	30
中温微生物	10	30～40	45
高温微生物	40	50～60	70

最适温度为 30～40℃，在常温下生存的微生物叫做中温微生物（MesopHile），这是一种在自然界中分布最广的类群。这个类群的最高温度是 45～50℃，超过这个温度，微生物就不能发育，迅速死亡。这个菌的最低生存温度是 10℃左右，低于该温度时，微生物虽然不死亡，但发育被抑制。

最适温度为 50～60℃，在高温下生存的一群微生物，叫做高温微生物（ThermopHile）。这类菌在自然界中分布比较少，它的最高生长温度是 70℃，普通生物在这样的温度下已经不能发育。它的最低生长温度是 30～40℃，即使是夏天，也不会很好地繁殖。

最适温度约为 20～30℃，能够发育的最低温度为 0℃左右的一类微生物叫做低温微生物（PsyshropHile）。这类菌在自然界的分布仅次于中温菌，它关系到低温贮藏物品的腐败变质。

表 2-4 为霉菌生长与温度的关系。

表 2-4　霉菌生长与温度关系

菌名	生长温度/℃		
	最低	最适	最高
黑曲霉	14	30～35	40
葡萄曲霉	－6	30	—
刺孢曲霉	—	20	
灰绿青霉	1	25～27	31～36
青霉		17～19	30
黄萎轮枝孢	10	22.5	30
分枝毛霉	4	20～25	31
尖镰孢	5	30	—
深蓝镰孢	5	25	35
立枯丝核菌	2	23	34.5
围小丛壳	—	27～29	37.5
光亮卷钩丝壳	5	32	43
篱边革裥菌	5	32～35	45
多孢菌	0	27～32	40
拟茎点霉	8.7	26.5	31.9

（3）pH 值

酸碱度（pH 值）也是微生物生长的关键因素之一。各种微生物都有自己的最适 pH 值范围。一般说来，细菌的最适 pH 值范围是中性至微碱性（即 pH＝7～8）。乳酸菌和醋酸菌则能够在比较酸性的环境中生长。大多数酵母和霉菌的最适 pH 值范围是弱酸性（即 pH＝4～6），当然也有在 pH＝2或者碱性范围内生长的种类。与细菌相比较，酵母和霉菌生长的 pH 值范围比较广些。微生物在超过最适 pH 值的环境中，生长受到抑制，甚至发育受阻。表 2-5 列出了主要霉菌的 pH 值范围。

表 2-5　主要霉菌生长的 pH 值范围

菌名	pH 值范围	最适 pH 值
黄柄曲霉	2.5～9.0	6.5
烟曲霉	3.0～8.0	5.6
葡萄孢霉	4.5～7.4	6.6～7.4
灰葡孢霉	1.6～9.8	3.0～7.0

续表

菌名	pH 值范围	最适 pH 值
弯孢霉	2.5～9.0	7.0
煤绒霉	2.0～10.0	4.5～7.0
腐质霉	2.5～9.5	6.0
头癣小孢霉	5.0～7.0	6.0
疣孢漆斑霉	2.5～9.0	6.0
青霉	2.5～9.5	4.2
绒泡霉	2.0～8.5	4.5～7.0
黑根霉	2.2～9.6	—
橘青霉	2.5～9.6	—
康氏木霉	2.5～9.5	4.3
侧孢霉	3.0～9.6	5.0

　　综上所述，微生物的繁殖和活动需要一定的营养条件和生理条件，而且各种微生物都有自己最适宜的生长条件。

第二节

抑菌防霉剂的抑菌防霉原理

　　抑菌防霉原理十分复杂，有各种理论和观点，现归纳如下。

　　(1) 抑菌防霉剂主要影响菌的代谢过程。有的与菌的重要代谢物质很相似，菌被利用后，干扰其正常的代谢过程而产生杀菌作用，这就是竞争性抑制作用。有的防霉剂与菌的代谢物起作用，使菌不能被利用，因而达到杀菌目的，称之为非竞争性抑制作用。

　　(2) 抑菌防霉剂具有杀菌力，一般来说必须能透入菌体细胞。毒性实际上是通透力和固有毒性的总和。通透力可造成菌体细胞结构的破坏，包括改变菌体原生质膜的渗透性、菌体蛋白质构造的破坏、菌体酶的破坏、菌体细胞代谢物质的渗出、水从细胞里渗出等，造成菌的死亡。

（3）抑菌防霉剂通过干扰和破坏菌体的正常繁殖过程来达到杀菌目的。包括对菌体有丝分裂的影响；对染色体、纺锤体形成的抑制作用；影响菌体遗传物质——基因，使之产生突变。

（4）抑菌防霉剂通过与菌体代谢的脱氢过程相竞争来破坏菌体的三羧酸循环，从而破坏了菌体的正常呼吸作用。呼吸作用对微生物来说是十分重要的，它将食物和水分的摄取、菌体物质的合成等问题贯穿起来，甚至提供菌体细胞分裂和细胞壁形成所需要的能量。

（5）抑菌防霉剂通过束缚菌体生长所必需的金属，来达到杀菌的目的。没有金属，微生物就会死去。我们知道下列金属是大多数微生物所需要的：铁、铜、锌、锰、钼等。金属所起的作用，目前还不很清楚。当然，铁参加到细胞色素、过氧化氢酶和过氧化酶的反应中去，已是众所周知的事。

另外还可以从抑菌防霉剂的类别上分析机理，即有机与无机抗菌机理。

一、无机抗菌剂抗菌机理

无机抗菌剂是广谱抗菌剂，属于离子溶出接触型抗菌剂，其抗菌作用是被动式的。目前，对金属离子抗菌的作用机理流行以下两种解释。

（1）接触反应机理

金属离子接触微生物，使微生物蛋白质结构破坏，造成微生物死亡或产生功能障碍。当微量金属离子接触到微生物的细胞膜时，因细胞膜带负电荷而与金属离子发生库仑吸引，使两者牢固结合，即所谓的微动力效应（oligodynamic effect），导致金属离子穿透细胞膜，进入微生物内，与微生物体内蛋白质上的巯基发生反应。此反应使蛋白质凝固，破坏微生物合成酶的活性，并可能干扰微生物 DNA 的合成，造成微生物丧失分裂增殖能力而死亡。同时金属离子和蛋白质的结合还破坏了微生物的电子传输系统、呼吸系统和物质传输系统。由于金属离子一般负载在缓释性载体上，在使用过程中具有抗菌性能的金属离子逐渐释放，而在低浓度下抗菌金属离子就有抗菌效果，因此通过抗菌金属离子的释放，无机抗菌剂可发挥持久的抗菌效果。

（2）活性氧机理

活性氧机理假说认为，加入抗菌剂后，材料表面分布着微量的金属元素，能起到催化活性中心的作用。该活性中心能吸收环境的能量，激活吸附在材料表面的空气或水中的氧，产生羟自由基和活性氧离子，它们具有很强的氧化还原能力，能破坏细菌细胞的增殖能力，抑制或杀灭细菌，产生抗菌性能。

二、有机抗菌剂抗菌机理

有机抗菌剂和无机抗菌剂抑制细菌的作用是不同的。有机抗菌剂的主要作用机理是通过和微生物细胞膜表面阴离子结合逐渐进入细胞，或与细胞表面的巯基等基团反应，破坏蛋白质和细胞膜的合成系统，抑制微生物的繁殖。

有机抗菌剂品种繁多，各种微生物的菌体也各不一样，其作用机理也随种类而异。一般可通过如下途径抗菌。

（1）降低或消除微生物细胞内各种代谢酶的活性，阻碍微生物的呼吸作用。微生物在呼吸时消耗糖类物质、释放能量维持细胞内各种成分的合成和利用，能量贮存及转化都涉及酶类物质。酶是一种大分子蛋白质，带有巯基、氨基或微量金属离子。如果抗菌剂进入菌体后能和酶类物质结合，并在一定程度上影响酶的活性，能量代谢体系的运转就会受到影响，呼吸作用也就被抑制或停止。如硫氰酸酯类化合物进入菌体后就可和菌体内酶分子中的巯基、氨基起作用，使之失活而产生抗菌效果。

（2）抑制孢子发芽时孢子的膨润，阻碍核糖核酸的合成，破坏孢子的发芽。这一机理对抑制产生孢子的微生物，尤其是对于抑制霉菌生长和繁殖有重要意义。有机锡抗菌剂能通过该机理抑制微生物。

（3）加速磷酸氧化，破坏细胞的正常生理机能。醌类抗菌剂可通过该机理抑制微生物的生长繁殖。

（4）阻碍微生物的生物合成，干扰微生物生长和维持生命所需物质的产生过程。微生物在生长、繁殖过程中需要很多特定的物质，以维持生命，形成新细胞。核酸是生命物质的基础，储存复制生命信息，部分有机抗菌剂能够破坏核酸的正常生成，这当然也就破坏了酶等蛋白质分子产生的物质基础，进而破坏了微生物的生长和繁殖。

（5）破坏细胞壁的合成。部分微生物如真菌有一层细胞壁，它是真菌等同外界进行新陈代谢、保持内部环境恒定的一种屏蔽物质。真菌的细胞壁由甲壳素组成，部分有机抗菌剂对 UDP-乙酰葡萄糖胺转化酶起抑制作用，使待聚合的乙酰葡萄糖胺不能形成甲壳素，细胞壁的形成受到破坏，导致细胞内物质外泄，使微生物死亡。

（6）阻碍类酯的合成。这是最近研究发现的一种新的有机抗菌剂作用机制，这种作用机制是日本理化学研究所在研究代森类、福美类有机抗菌剂时发现的。研究人员发现部分有机抗菌剂对蛋白质基质的呼吸作用影响不大，但对醋酸酯基的夺取有阻碍作用，其作用点为抑制微生物的类酯类化合物的合成系统，达到抑菌或杀菌的目的。

三、抑菌防霉剂类别

（1）无机抑菌防霉剂

主要是利用银、铜、锌、钛等金属及其离子制取的抑菌防霉剂（材料）。20世纪70年代末、80年代初日本科学家开始将银化合物直接添加到树脂中，首次用无机抗菌剂制成了抗菌塑料。由于银盐具有很强的光敏反应，遇光或长期保存都极易变色，而且直接添加银盐制备的抗菌塑料性能明显下降，接触水时 Ag^+ 易析出而导致抗菌有效期很短，很难具有应用价值。为了解决这些问题，人们采用内部有空洞结构而能牢固负载金属离子的材料或能与金属离子形成稳定的螯合物的材料作为载体附载金属离子等手段来解决银离子变色问题，控制离子释放速度，提高离子在材料中的分散性以及离子和材料的相容性问题。人们最早选择了以活性炭为载体附载金属离子制备抗菌剂，但这种抗菌剂的使用范围受到很大的限制。随后科学家们先后选择了沸石、硅灰石、绿泥石、陶瓷、不溶性磷酸盐等与金属离子化学结合力较强的物质作载体附载银离子制备抗菌剂，制备了一系列具有实用意义的无机抗菌剂。

（2）有机抑菌防霉剂

有机抗菌剂品种很多，常用的就有卤化物、有机锡、异噻唑、吡啶金属盐、涕必灵（thiabendazole）、咪唑酮、醛类化合物、季铵盐等多类。有机抗菌剂对微生物的毒杀和抑制性能一方面取决于该抗菌化合物所带的能够发挥毒性的基团；另一方面也与该化合物的取代基特性（如亲油性和亲水性等）、分子中各原子及基团的排列、空间排布、分子反应性能等密切相关。

（3）天然抑菌防霉剂

主要包括甲壳素、山梨酸、黄姜根醇及相关中药材提取物。

天然抗菌剂是人类使用最早的抗菌剂，目前最常用的天然抗菌剂是壳聚糖。壳聚糖化学名称叫 (1-4)-2-氨基-2-脱氧-β-D-葡聚糖，是由甲壳素经脱乙酰化反应而得。甲壳素广泛存在于虾、蟹等节肢动物的外壳和真菌及一些藻类植物的细胞壁中，自然界中每年甲壳素的合成量达几十亿吨，是产量仅次于纤维素的自然界第二大天然高分子。虾壳、蟹壳等通过酸洗除去无机钙质，通过稀碱煮除去蛋白质便得到甲壳素，甲壳素在浓碱中进行脱乙酰化反应得到壳聚糖，所以壳聚糖是一种天然可再生资源。壳聚糖具有良好的生物相容性等许多独特的性能，在食品、医药、化工、生物医学工程等领域有广泛的应用前景，是迄今发现的唯一的天然碱性多糖，其结构和纤维素相像。

（4）高分子抑菌防霉剂

将有机抗菌剂和天然高分子抗菌剂的特点结合起来合成具有抗菌性能的高分子。Kawabata 和 Nishiguchi 首先发现合成的吡啶型主链的高分子具有杀灭细菌的功能，并证实了吡啶高分子的杀菌机制也是通过分子链吸附微生物的功能捕捉细菌，并通过分子链所带的电荷和微生物起作用，从而使微生物失去活性，完成杀菌过程。Li 和 Shen 等在此基础上合成了带吡啶侧基的聚烯烃材料，同样也发现具有明显的杀菌功能。具有杀菌功能的合成高分子材料的发现预示了应用高分子抗菌剂制备抗菌塑料的美好未来，因为合成高分子抗菌剂可以克服天然抗菌剂耐热性差等缺点，又可以直接通过合成得到具有不同力学性能和生物性能的新型抗菌材料。

第三节

抑菌防霉效果的影响因素

使用抑菌防霉剂后，需要对使用对象（产品、食品或材料等）的抗霉菌效果进行评价。

一、抑菌防霉剂的组成及使用

抗菌剂本身的结构、性能和状态是决定和影响抗菌剂抗菌性能的最主要因素。目前使用的抗菌剂品种很多，包括有机抗菌剂、无机抗菌剂、光催化抗菌剂及天然抗菌剂等，每个品种对微生物的抗菌作用机理及抗菌能力都不尽相同。

二、抗菌剂的分散状态

抗菌剂在基材中的分散状态也是直接影响抗菌材料抗菌性能的主要因素

之一。抗菌剂本身的存在状态很多，可以是固体颗粒、粉末、液体、溶液、乳液甚至气体。在抗菌材料中以固体形式存在的抗菌剂的颗粒大小、分布均匀性等因素都直接影响抗菌材料的抗菌性能。一般来说，以固体颗粒形式分散在抗菌材料中的抗菌剂颗粒越小抗菌性能越好。所以在抗菌材料加工及使用固体抗菌剂过程中应该充分考虑加工过程中抗菌剂在基材中的分散情况，尽量使抗菌剂以小粒径颗粒存在于材料中。

三、抗菌剂的浓度

抗菌剂浓度越大抗菌性能越好。但是在实际应用中抗菌剂往往不是均匀分布在基材中，而是在材料中有一定的浓度分布梯度，即在同一抗菌材料中各个部分的抗菌剂浓度可能是不一致的。而真正起作用的抗菌剂浓度仅仅是材料表面层的浓度，经常是材料整体的抗菌剂浓度并不能很准确地反映材料表面的抗菌剂浓度。利用这一点可以制备表面浓度和内部浓度不一致的梯度材料，保证表面抗菌剂有一定的有效浓度。也就是从表层到内层浓度从高到低形成梯度。

四、温度

不同微生物对环境温度的要求各不相同。根据适宜的生存温度可将微生物分为嗜冷菌、嗜温菌、嗜热菌 3 类。温度低到接近冰点、高到超过 90℃ 都可以有微生物生长。不同温度下同一微生物的活性、对抗菌剂的敏感性不同，同一温度下不同品种或菌株的微生物的活性和对抗菌剂的敏感性也不一样。

五、环境气体成分

微生物的生长和周围的气体成分关系十分密切。与微生物生长、活性和对抗菌剂敏感性关系较大的主要有氧、二氧化碳、水等。如需氧菌需要利用分子氧作为最后受氢体以完成呼吸作用，而厌氧菌只能在无氧的环境中生长；二氧化碳参与微生物代谢；水则是微生物生存的必要条件之一。微生物生长的周围气体环境发生变化，微生物对抗菌剂的敏感性也会发生变化，因此将影响抗菌剂的抗菌效果。

六、pH 值

微生物都有自己适合的酸碱度，如果环境酸碱度和微生物适宜酸碱度不一致，微生物的活性和对抗菌剂的敏感性将与正常状态有所区别。

七、营养物质

微生物只有从外界摄取足够的营养物质才能保证自身正常的生长和繁殖，因此营养物质同微生物的活性关系也十分密切。

第三章 抑菌防霉试验与性能测定

抑菌防霉剂的使用技术要求

一、抑菌防霉功能要求

抗菌剂应该具有良好的抗菌性能，包括合适的最低抑菌浓度、最低杀菌浓度以及对细菌、霉菌等各种微生物有广泛的抗菌谱。

塑料制品可能经常在户外或水周边环境使用，所以在选择塑料中使用的抗菌剂时要充分考虑制品在使用过程中洗涤和溶出的可能，要保证制品在使用过程中抗菌性能保持足够的时效。耐候性和抗菌剂加工与使用过程中的稳定性也是选择塑料抗菌剂时应该考虑的因素。在选择塑料抗菌剂时还要根据塑料制品的具体使用环境和要求选择高效低毒的抗菌剂。

二、加工性能要求

塑料成型，即将各种形态的塑料（粉料、粒料、溶液或其他分散体）制成所需形状的制品或坯件的过程。塑料成型方法很多，从共性上看，成型过程一般包括塑化、赋形和固化 3 个阶段。对于粉料和粒料，通常依靠外加热或其他能量转化为热使其塑化，溶液则自身具有一定的可塑性。赋形是将具有可塑性的塑料原料按预定的要求制成一定的形状。固化则是将具有可塑性的塑料按照已经赋形的形状固定下来，对热塑性塑料通常通过冷却使之成为固定制品，对热固性塑料常用加热使材料交联形成三维网状结构而固化。

三、相容性和迁移性要求

抗菌塑料的抗菌作用一般发生在材料或制品的表面，只有在塑料表层的抗菌剂才能发挥抗菌作用。在使用过程中，表面抗菌剂因不断发生抗菌作用而逐渐消耗，希望材料内部的抗菌剂能够及时迁移到材料表面，持续发挥抗菌作用，保持抗菌塑料或抗菌塑料制品的长期有效性，因此需要抗菌剂和塑料基体之间有适宜的相容性和迁移性。

四、持久性要求

部分抗菌剂在光、热等作用下可能会逐渐分解或衰解而失去抗菌作用，而且在使用过程中经历洗涤、溶出或逐渐散发到环境中也会引起抗菌材料中抗菌剂浓度的变化，从而导致材料抗菌性能的变化，甚至导致抗菌性能不能满足使用要求。因此在抗菌剂品种和用量的选择上要充分考虑材料的使用场合和使用寿命，保证抗菌材料在使用期内能够经受光、热及重复洗涤等作用，保证制品在使用过程中的抗菌性能。

五、稳定性要求

抗菌剂的稳定性指抗菌剂本身物理化学性能随时间和环境变化保持稳定的能力，包括抗菌效果，抗菌剂的外观、颜色、物理性能等。保持抗菌剂在加工过程中的稳定性是对抗菌剂的一个重要的要求，如有些抗菌剂可能会见光分解；有些抗菌剂可能在高热环境中产生化学反应生成别的物质或影响抗菌活性；有些抗菌剂在光的作用下颜色会发生明显的变化；有些物质可能在使用过程中升华或被水、油等使用环境周围的物质抽提出来而逐渐失去抗菌性能。所以在不同的场合使用抗菌剂时需要考虑该场合条件下抗菌剂的稳定性，尽可能在制品使用寿命内保持抗菌剂的稳定。

六、安全性要求

抗菌剂的安全性包括两方面：一方面是抗菌剂在使用过程中的安全性；另一方面是使用过程中根据使用场合所需的生物安全性。使用过程的安全性要求抗菌剂在使用过程中对人和环境无毒无害，加工过程中不产生毒烟、毒雾等物质，对加工人员的皮肤、眼睛没有刺激作用。生物安全性是抗菌剂本身的一个重要性能，包括抗菌剂的急性毒性、亚急性毒性、慢性毒性、对皮肤致敏性、致癌性、遗传毒性等。

抗菌剂在制备和使用过程中可能通过 3 个途径进入人体：食入、吸入和皮肤接触。呼吸吸入和皮肤接触抗菌剂及其蒸气、粉尘等是抗菌剂对人体的主要污染途径，并可能造成对皮肤、黏膜的刺激，出现过敏反应。人们对抗菌剂等化学品的中毒可分为急性、亚急性、慢性 3 种情况。在实验或工业操作过程中，人体由于高剂量（超过阈值 2 倍以上时）接触而导致急性中毒，在使用过程中由于长期低剂量接触而造成慢性中毒。

抑菌防霉试验

一、耐高温试验

许多工业材料或制品在制造过程中需要经过高温处理，有的要用一百几十摄氏度的干热烘烤，有的要用湿热蒸煮。其加热的时间也不一样，有的只需几分钟，有的需要几十分钟，乃至几小时。但是，许多化学药品不耐高温，它们在高温条件下就会分解变性，能够忍受高温而不分解变性且保持杀菌力的药剂并不多，这就给某些制品使用防霉剂带来了一定的困难。为了适应那些必须经过高温工艺的材料或制品的抑菌防霉要求，将筛选出来的有效防霉剂做一下耐高温试验是必要的。

耐高温试验方法如下。

① 确定抑菌防霉材料的规格：形状、面积、厚度等。

② 将获得的抑菌防霉材料放置在烘箱中，100℃下烘干 1h。

③ 冷却至室温后，在其表面涂布一定浓度的霉菌培养基（通常用 10^5 CFU/g 的黑曲霉）。

④ 在规定的时间内观察霉菌的数量及面积。

二、耐冲洗试验

有些工业材料或制品，当添加一定量的防霉、防腐剂以后，还要经过流水工艺或高湿环境，这样就会造成某些不耐冲洗的防霉剂的流失，从而减少了药剂的用量而影响防霉、防腐的效果。为此有必要试验一下添加到一定材料或制品中的药剂的耐冲洗性能。

操作过程如下：将添加过防霉（防腐）剂的材料或制品裁剪成直径为 4cm 的圆片，置于流动的自来水中（流量每分钟约 1000mL），冲洗 12h（根据情况，可适当缩短或延长），取出晾干。然后测定材料或制品防霉力的大小（见本章第三节）。再用未经流水冲洗的试样作对照，就可以知道某药剂的耐冲洗性能。如果某药剂不能很好地与材料或制品结合，即不耐冲洗，则在制造过程中应该考虑多添加一些药剂，以弥补加工工艺中流失的量。

三、耐酸碱性（pH 值）试验

pH 值对防霉剂及微生物都有一定的影响。因为 pH 值能够影响某些药剂的电离度，一般说来，未电离的分子，比较容易通过微生物的细胞膜。pH 值改变时，微生物细胞所带的电荷也发生相应的改变。例如，在碱性溶液中，细菌所带的阴电荷较多，所以阳离子型的药剂抗菌作用较大。在酸性溶液中，则阴离子型的药剂抗菌效果好。

在试验过程中往往发现，某些药剂在酸性条件下抗菌效果很好，但在碱性条件下效果却不理想。反之，在碱性条件下显示抗菌作用的药剂，在酸性条件下却失去其作用。当然，也有在广泛 pH 值范围内（即酸性、碱性、中性范围）均显示抑菌作用的抑菌防霉剂。

许多试验 pH 值在加工前后可能改变，必须在加工前后进行抑菌防霉试验对比。

耐酸碱性试验方法如下。

① 确定抑菌防霉材料的规格：形状、面积、厚度等。

② 将获得的抑菌防霉材料在酸性（pH＝2.0）或碱性（pH＝12.0）条件下浸泡 1h。

③ 冲洗干净，在其表面涂布一定浓度的霉菌培养基（通常用 10^5 CFU/g 的黑曲霉）。

④ 在规定的时间内观察霉菌的数量及面积。

四、安全性试验

在工业材料或制品中添加的防霉（防腐）剂既要求高效，又要求低毒。有些药剂对微生物的抑制或杀死能力很强，亦即对微生物的最低抑制浓度很小，其它性能亦很好，就是毒性较强，无论是口服急性毒性、亚急性毒性或其它有关毒性都比较厉害，这样的药剂便缺乏应用价值，不能推广使用。

首先要做的毒性试验是动物（一般用老鼠）口服急性（或亚急性）毒性试验，通过该试验可以在较短的时间内，初步了解一下某药剂的毒性程度。若经过喂养试验，某药剂对动物的口服急性毒性的 LD_{50} 值较高，则说明该药剂的毒性较低，使用比较安全。有条件的地方，还需要进行慢性毒性、皮肤过敏性、致畸致癌性等试验。要完成这些毒性试验，需要较长的时间和花费较大的精力，必须在当地卫生检疫部门或医学院校的密切配合下进行。若某药剂的口服急性毒性较高，即 LD_{50} 值较低，则这种药剂不宜使用。

第三节

防霉能力测定

添加过防霉或防腐剂的工业材料与制品，在恶劣环境中是否经得起考验，即是否能够有效地抑制微生物的生长，必须在实验室对其材料或制品进行防霉能力的测定，测定材料或制品防霉能力的方法很多，可根据所测材料或制品的性质、形状大小、硬度等加以选定。现介绍几种常用的方法供参考。

一、圆片法

将制得的抑菌防霉材料制成圆片。

此法适于测定质地比较柔软，厚度比较薄的材料或制品，例如：纸张、纤维织物、皮革制品、塑料制品、感光胶片等。有些体积大且较厚的工业材料与制品，可用工具适当裁剪或减薄，做成所要求的供试圆片。有些液体材料或制品，例如：各种油类、洗涤剂、乳胶涂料、冷轧乳化液等，可用滤纸或其它硬纸图片做载体，用浸渍法测定。有些半圆形状的材料或制品，例如：胶黏剂、化妆品膏体、美术颜料等，也可像测定液体材料和制品那样，用纸张圆片作载体。将材料或制品做成一定直径的圆片，主要是为了清楚地观察和比较抑菌圈。

二、自然暴露法

类似于圆片法，但此法不采用实验室试验菌或其它特定的微生物，而是利用有关环境的自然菌，这样更接近于实际。

此法也可以不用培养基，将裁剪成一定大小的试样置于培养皿的中央，然后在有关环境中暴露一定的时间。在调温调湿箱或调温调湿室内，于一定的温度和湿度条件下，放置一定时间，定时观察结果。这样可以鉴定施药物品的防霉时效（最长防霉时间）。

三、土壤埋没法

此法可用于测定线带、布条、缆绳等纤维材料或制品的防霉能力，也适用于对皮革、塑料等制品防霉能力的测定。它是利用土壤菌的作用，方法如下。

（1）将材料或制品裁剪成一定大小的试样（如：直径为 4～6cm 的圆片，或 4cm×4cm 到 6cm×6cm 的方块，或其它形状）。

（2）将试样埋没于人工创造的土壤培养床中，深度约为 2～4cm。试样应互相分开，不要紧靠在一起。

（3）在适宜的温度和湿度下埋没一定的时间（可以将培养盘放置于恒温室中），取出，进行观察和测定。

如果没有恒温设备，也可在室外进行，但受气候的影响。在进行室外试验时，可选择一块肥沃的、有团粒构造的园艺土，进行埋没试验。夏天，室外气温高，埋没时间为半个月（也可根据需要而延长埋没时间），春天和秋天，气温偏低，微生物的活动减弱，埋没时间可适当延长。

（4）结构判断

各试样经过半个月或一个月的埋没试验后，全部从土壤中取出，小心地用水洗去附着在试样上面的土壤及微生物，在 50℃ 左右的温度下干燥 2h，然后在温度约为 20℃、相对湿度约为 65％ 的环境下保持 24h。之后，进行破坏性试验，与未作土壤埋没试验的样品及未用防霉剂处理的土壤埋没样品作比较。在一般情况下，试样经过埋没试验后，应保持原来强度的 80％～90％，否则就不合格。

材料或制品防霉能力的好坏最后还必须通过实际环境来检验，因为实验室创造的测试环境与实际环境会存在一些差别。

第四节

抑菌防霉薄膜的性能测试

（1）薄膜的厚度测试

塑料薄膜的厚度是指塑料薄膜在一定的压力（0.1～1N）作用下，上下两个表面的垂直距离。在待测薄膜上选取厚薄均匀的 10 个点，并用螺旋测微仪进行测量、记录，结果取平均值。

（2）薄膜的力学性能测试

按照 GB/T 1040.3—2006 规定，沿样品宽度的方向等间隔一次性地裁切试样，试样的宽度为 15mm，使用智能电子拉力试验机对样品的力学性能进行测定，夹距设定为 50mm，拉伸速度为 300mm/min，环境温度 25℃，相对湿度 50%，每个样品测 10 组数据，按下式计算，结果取平均值。

$$T = \frac{F}{S}$$

式中，T 为拉伸强度，MPa；F 为样品断裂时所承受的最大张力，N；S 为样品横截面积，m^2。

（3）薄膜的光学性能测试

透过试样的光通量和射到试样上的光通量之比（以百分数表示）称为透光率。使用透光率/雾度测试仪测定膜的光学性能，多点取样，每个样品测试 5 次，取平均值。

（4）薄膜的氧气透过量测试

按照 GB/T 1038—2000 的规定，使用气体渗透测试仪对薄膜的氧气透过量进行测试，测试温度为 23℃，相对湿度 60%，每个样品测 6 次（仪器有三个腔，每次可测三组数据），结果取平均值。

（5）薄膜的水蒸气透过率测试

采用 PERMATRAN-W1/50 透湿仪对样品的水蒸气透过率进行测试，测试条件为：温度 37.8℃，相对湿度 100%，每个样品测 6 次，取平均值。水蒸气透过系数（WVP）按下式计算：

$$WVP = WVTR \times \frac{L}{\Delta P}$$

式中，WVP 为水蒸气透过系数，$\times 10^{-14}$ g/(m·s·Pa)；WVTR 为薄膜的水蒸气透过率，g/(m²·d)；L 为薄膜厚度，mm；ΔP 为气体输出压力，0.20MPa。

（6）薄膜的微观结构测试

将样品薄膜裁剪后粘在样品台上，然后在离子溅射仪中抽真空，20mA 电流下喷金处理 30s，用 S3400N 扫描电镜观察薄膜横截面的微观结构，加速电压 5kV。

（7）薄膜的热稳定性测试

将薄膜剪成细小的碎片，取 5.0mg 样品置于陶瓷坩埚中，将测试温度

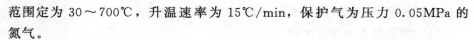

范围定为 30～700℃，升温速率为 15℃/min，保护气为压力 0.05MPa 的氮气。

(8) 薄膜的红外光谱分析

使用傅里叶变换红外光谱仪进行测试，测定时波长范围设定为 400～4000cm^{-1}，扫描次数为 32 次，测试前将薄膜裁成 1cm×1cm 大小，每个样品选取 3 个测试点。

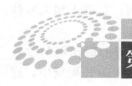

第四章 CP-EF改性LDPE抑菌防霉薄膜

随着生活水平的提高，人们更倾向于食用天然无添加的绿色食品，这就对食品包装提出了更高的要求。现如今，食品抑菌防霉的方法还不能完全满足人们对品质的要求，难以彻底消除食品安全隐患。抑菌防霉软包装在食品的贮存和流通等环节都担当着重要的角色，避免了食品遭受二次污染，同时方便了运输及销售，并有效延长了食品的保质期。

　　低密度聚乙烯（LDPE）是一种塑料包装材料，其透明性高、易加工成型、化学稳定性好，而且成本低，已经广泛应用于食品包装行业，使用量占到塑料包装薄膜总量的40%以上。但它的耐热性（软化点低）和耐大气老化性能较差，易发生应力开裂，力学性能和表面性能都有待提高。

　　丙酸钙（CP）易溶于水、易发生潮解，是经过世界卫生组织（WTO）和联合国粮农组织（FAO）批准的可用于食品的保鲜剂，它进入到人畜体内可以通过代谢吸收，并可以补充一定的钙，应用广泛。

　　本试验将丙酸钙的质量分数设定为2.5%，并将其与一定比例的改性EF（将抑菌助剂加入到氟树脂制得）混合均匀，添加到LDPE树脂中，通过共混、挤出、流延等方式制备CP-EF改性LDPE抑菌防霉薄膜，并对薄膜的力学性能、光学性能、透湿性、透气性、微观结构、热稳定性以及抗菌性能进行分析。同时，对其包装鲜香豆干后的保鲜效果进行评价。

第一节

材料与设备

一、材料

　　低密度聚乙烯（LDPE）：LD103，中国石油天然气股份有限公司。
　　丙酸钙（CP）：纯度99.3%，姜堰市荣昌食品添加剂有限公司。
　　改性EF树脂：实验室自制。

二、仪器与设备

　　表4-1是仪器与设备的名称、型号和生产厂家。

表 4-1 实验仪器名称、型号与生产厂家

仪器名称	型号	生产厂家
分析天平	BSM-220.3	上海卓精电子科技有限公司
电子数显螺旋测微仪	L-0305,0～25mm	桂林广陆数字测控有限责任公司
热重分析仪	TG NETZSCH209F1 Libra	耐驰科学仪器商贸有限公司
透光率/雾度测定仪	WGT-S	上海精科仪器公司
水蒸气透过率测试仪	PERMATRAN-W1/50	美国膜康有限公司
气体渗透测试仪	G2/132	
智能电子拉力试验机	XLW(EC)	山东济南兰光机电技术有限公司
扫描电子显微镜	S3400N	Hitachi(日立)公司
切粒机	SG-20	
转矩流变仪	XSS-300	
双螺杆挤出装置	LSSHJ-20	上海科创橡塑机械设备有限公司
单螺杆挤出装置	LSJ-20	
流延机	LY-300	

第二节

CP-EF 改性 LDPE 抑菌防霉薄膜的制备

　　将改性 EF 母料按质量分数 10％的含量添加到 LDPE 基材母粒中，搅拌使它们混合均匀，并用双螺杆挤出装置进行共混挤出造粒，制备出改性 EF 抑菌防霉树脂，双螺杆挤出装置各加热区温度分别是：160℃、175℃、185℃、185℃、175℃、175℃、175℃，转速为 40r/min。然后将造粒制得的改性 EF 抑菌防霉树脂和丙酸钙按一定比例添加到 LDPE 中，添加比例见表 4-2，混合均匀后通过单螺杆挤出装置制得改性 CP-EF 抑菌防霉薄膜。单螺杆挤出机七个区温度设置分别为：160℃、185℃、190℃、190℃、185℃、185℃、185℃，转速为 40r/min。

表 4-2 试验设计

编号	丙酸钙质量分数/%	改性 EF 质量分数/%
A	2.5	1
B	2.5	2
C	2.5	3
D	2.5	4
E	2.5	5

第三节

CP-EF 改性 LDPE 抑菌防霉薄膜的性能

一、CP-EF 改性 LDPE 抑菌防霉薄膜的力学性能

改性 EF 抑菌防霉树脂的质量分数分别为 1%、2%、3%、4%、5%时，薄膜的厚度分别为 (0.052±0.0010)mm、(0.056±0.0032)mm、(0.058±0.0059)mm、(0.060±0.0074)mm、(0.064±0.0027)mm。改性 EF 抑菌防霉树脂的加入对薄膜拉伸强度的影响见表 4-3。可以看出，随着改性 EF 抑菌防霉树脂含量的增加，薄膜的厚度逐渐增加，横向及纵向拉伸强度均呈现先上升后下降的趋势。改性 EF 抑菌防霉树脂含量为 4%时，拉伸强度达到最大，分别为横向 (12.382±0.8126)MPa，纵向 (16.252±2.5445)MPa，这可能是因为改性 EF 抑菌防霉树脂可以均匀分散在 LDPE 中，使 LDPE 短支链的数量增加，控制了链的折叠，从而使薄膜的厚度增加，机械强度增大，当改性 EF 抑菌防霉树脂的添加量大于 4%时，薄膜的结晶体系遭到破坏，结晶度下降，拉伸强度也随之降低。薄膜的断裂伸长率整体呈下降趋势，可能是因为改性 EF 抑菌防霉树脂与钙离子结合发生部分团聚，影响了薄膜的结构稳定性。研究表明，钙离子可增大薄膜的拉伸强度，降低其断裂伸长率。

表 4-3　CP-EF 改性 LDPE 抑菌防霉薄膜的拉伸强度和断裂伸长率

样品	厚度/mm	拉伸强度/MPa		断裂伸长率/%	
		横向	纵向	横向	纵向
A	0.052±0.0010	8.940±0.5121	10.990±0.2325	95.150±6.2932	474.550±15.9544
B	0.056±0.0032	10.502±1.4645	13.713±2.8121	114.350±15.7684	464.475±18.4736
C	0.058±0.0059	11.967±0.7266	15.545±1.7457	80.033±18.5003	428.000±22.2304
D	0.060±0.0074	12.382±0.8126	16.252±2.5445	52.150±19.5868	345.725±13.1745
E	0.064±0.0027	9.255±0.9458	14.755±1.2811	33.400±16.2517	218.200±13.7842

二、CP-EF 改性 LDPE 抑菌防霉薄膜的光学性能

改性 EF 抑菌防霉树脂的含量对薄膜透光率和雾度的影响见图 4-1。由图 4-1 可以看出，随着改性 EF 抑菌防霉树脂含量的增加，薄膜的透光率从 85.96％逐渐降至 72.45％，雾度从 3.01％逐渐上升到 7.91％。改性剂的加入使薄膜厚度逐渐增加，对薄膜的颜色造成了影响。Srinivasa 等的研究表明，薄膜厚度的改变会带来颜色的改变。同时，白色的丙酸钙和改性 EF 抑菌防霉树脂分散在膜中，改变了 LDPE 原来的支链聚合方式，使薄膜的透明度逐渐下降，变为雾白色，影响了光线的透过。

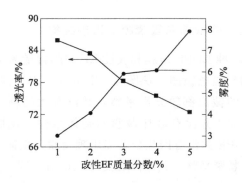

图 4-1　CP-EF 改性 LDPE 抑菌防霉薄膜的光学性能

三、CP-EF 改性 LDPE 抑菌防霉薄膜的阻隔性能

氧气和水分是微生物生长繁殖的必要条件，包装材料的阻隔性不好容易引起产品腐败变质，与此同时，氧气也可以维持生鲜食品的鲜活度，因此，包装薄膜的水蒸气透过系数和氧气透过量是具有重要意义的研究指标。改性

EF 含量对薄膜水蒸气透过系数和氧气透过量的影响见图 4-2。可以看出，水蒸气透过系数随改性 EF 含量的增加出现先下降后上升的趋势，但总体上变化并不大，当改性 EF 抑菌防霉树脂的含量为 3％时达到最低，为 $0.206 \times 10^{-13} g/(m \cdot s \cdot Pa)$，此时薄膜的阻水性最强。改性剂的加入改善了薄膜的氧气透过量，随着改性剂的增加，薄膜的阻隔性能越来越好。说明少量的改性剂渗透到薄膜的非结晶区域，填充到薄膜的孔隙中，使薄膜的紧密度大大增加，从而使其阻氧性变好。

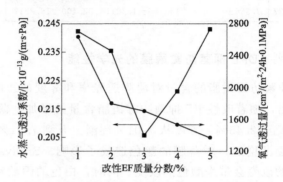

图 4-2　CP-EF 改性 LDPE 抑菌防霉薄膜的
水蒸气透过系数和氧气透过量

四、CP-EF 改性 LDPE 抑菌防霉薄膜的微观结构

图 4-3 分别表示纯 LDPE 薄膜和改性 EF 树脂含量为 1％～5％的 CP-EF 改性 LDPE 薄膜的扫描电镜图。从图 4-3 中可以看出，薄膜在 1000 倍扫描电子显微镜下呈现的截面都较光滑平整，并没有大的颗粒、气孔和团聚现象，说明改性剂的加入并没有破坏薄膜的基体结构。在加热过程中，丙酸钙、改性 EF 和 LDPE 并没有因热分解而出现交联，反而表现出很好的相容性，使薄膜的结构紧密平整，其阻隔性变好也说明了这一点。

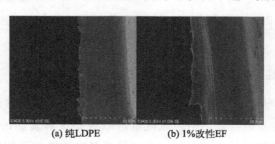

(a) 纯LDPE　　　　　　　　(b) 1%改性EF

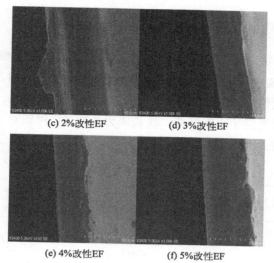

(c) 2%改性EF   (d) 3%改性EF

(e) 4%改性EF   (f) 5%改性EF

图 4-3　CP-EF 改性 LDPE 抑菌防霉薄膜的 SEM 图

五、CP-EF 改性 LDPE 抑菌防霉薄膜的热重分析

由图 4-4 可知，薄膜分解可以分成三个阶段。第一阶段 0～380℃，薄膜并未出现分解，此温度区间还不足以破坏薄膜致密的结晶结构。第二阶段 380～550℃，薄膜开始分解，质量迅速下降，且随着改性剂含量的增加，薄膜的热分解温度逐渐提高，从 380.12℃ 提高到 450.34℃，这可能是因为改性 EF 树脂增加了薄膜内离子键的强度，从而提高了其热稳定性。第三阶段 550～700℃，薄膜基本不再分解，质量基本不变。薄膜的热分解曲线说明，CP-EF 改性 LDPE 抑菌防霉薄膜在 380℃ 以内无分解现象，质量稳定，具有实际应用价值。

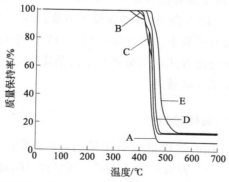

图 4-4　CP-EF 改性 LDPE 抑菌防霉薄膜的热重分析曲线

六、CP-EF 改性 LDPE 抑菌防霉薄膜的抑菌效果

由表 4-4 可知，纯 LDPE 薄膜并没有抑菌效果。抑菌圈直径随着改性 EF 含量的增加逐渐变大，但当改性 EF 的含量在 2％以下时，薄膜的抑菌效果并不明显。改性 EF 树脂含量为 5％时，抑菌效果最明显，且对金黄色葡萄球菌的抑制效果强于大肠杆菌。这是因为改性 EF 树脂对革兰氏阳性菌有较强的抑制作用。

表 4-4　CP-EF 改性 LDPE 薄膜的抑菌效果

改性 EF 质量分数/％	抑菌圈直径/cm	
	大肠杆菌	金黄色葡萄球菌
0	0	0
1	0.081±0.10	0.031±0.06
2	1.011±0.04	1.008±0.05
3	1.331±0.11	1.356±0.15
4	1.395±0.25	1.498±0.28
5	1.426±0.06	1.577±0.17

第四节

CP-EF 改性 LDPE 抑菌防霉薄膜对生鲜香豆干的保鲜效果

对生鲜香豆干进行 3 种处理：①用纯 LDPE 薄膜包装香豆干；②用 CP-EF 改性 LDPE 抑菌防霉薄膜包装香豆干；③用 CP-EF 改性 LDPE 抑菌防霉薄膜包装经预处理液（配方为 1g/L 白砂糖水溶液、3g/L 食醋水溶液和 7g/L 食盐水溶液）处理过的香豆干。在温度（25±1）℃、相对湿度（75±2）％下贮藏。通过对比 3 种处理方式的生鲜香豆干的品质指标，来评价该改性薄膜对生鲜香豆干常温下的保鲜效果。

一、生鲜香豆干质构指标分析

香豆干在贮藏过程中质构指标变化见图 4-5，图中"a"表示纯 LDPE 薄膜包装的香豆干；"b"表示 CP-EF 改性 LDPE 抑菌防霉薄膜包装的香豆干；"c"表示 CP-EF 改性 LDPE 抑菌防霉薄膜包装的经预处理液处理过的香豆干。

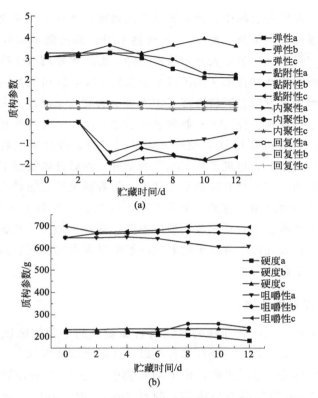

图 4-5 贮藏过程中香豆干质构指标变化

图 4-5（a）反映的是香豆干在贮藏过程中黏附性、弹性、内聚性以及回复性的变化，从图中可以看出，经 CP-EF 改性 LDPE 抑菌防霉薄膜包装的香豆干的质构变化与纯 LDPE 膜包装的香豆干的质构变化的趋势大致相同。香豆干的弹性在贮藏过程中先小幅度上升然后下降，改性膜包装的香豆干在第 4 天时弹性最好，达到 3.631，此时，纯 LDPE 薄膜包装的香豆干弹性达到 3.252，改性膜＋预处理液处理过的香豆干弹性在第 10 天达到最高，与此同时，香豆干的黏附性出现了几近相反的变化趋势，在第 4 天时黏附性最小，而后逐渐变大，可能是当香豆干开始出现腐败时，表面会出现黏膜，探头作用于香豆干时消耗的功变大。随着香豆干的腐坏，香豆干表面的黏膜逐渐变成水渗出，残留在包装袋内部，使香豆干表面的黏性变小。香豆干的内聚性和回复性在贮藏过程中变化并不明显，这可能与试验中香豆干的压缩量和香豆干本身的厚度存在一定的关系，压缩量过小，将导致其回弹性较小。

图 4-5（b）反映的是香豆干在贮藏过程中硬度和咀嚼性的变化，从图

中可以看出，在贮藏过程中，随着香豆干的腐败，香豆干逐渐变软，香豆干的硬度和咀嚼性逐渐下降，经 CP-EF 改性 LDPE 抑菌防霉薄膜包装的香豆干咀嚼性先缓慢增大，第 8 天开始缓慢下降，而经预处理液＋改性膜处理包装的香豆干的咀嚼性却在第 2 天出现小幅度的下降，这可能是因为贮藏两天后预处理液慢慢挥发到包装袋内部，使香豆干的质地又接近了未经预处理液处理的香豆干的质地。纯 LDPE 膜包装的香豆干第 4 天时硬度开始出现明显的下降趋势，贮藏到第 12 天，硬度下降了 13.5％，改性膜包装的香豆干的硬度在第 6 天到第 8 天出现了一定幅度的上升，而后开始缓慢下降；可能是因为香豆干贮藏过程中会有部分水分散失，附着到包装袋的表面，使香豆干出现一定程度的硬度增大现象。随着贮藏时间延长，香豆干逐渐腐败变质，流失的水分重新附着于香豆干表面形成黏液，进一步加快了其腐败过程。改性膜＋预处理液处理过的香豆干的硬度在贮藏过程中先出现轻微的上升而后出现小幅度的下降。

二、生鲜香豆干气味测试

电子鼻是模仿人或者动物的嗅觉器官而做成的一种气味识别和分析仪器，可用于预测货架期、判断样品种类以及其成熟度和气味。

分别称取样品 10g，剪碎，放于均质袋中，加入 100mL 蒸馏水，于均质机中拍打 2min 使样品充分混匀，静置 2min，取 50mL 上清液于试样瓶中，每个样品做 6 个。采用顶空抽样方法检测香豆干贮藏过程中的气味变化。试验分组情况见表 4-5。

表 4-5　试验分组情况

编号	时间/d				
	0	3	6	9	12
纯 LDPE 膜	AK/A	BK	CK	DK	EK
改性膜	AM/A	BM	CM	DM	EM
改性膜＋预处理液	AY	BY	CY	DY	EY

电子鼻的测试结果如图 4-6 所示。

如图 4-6 所示，该实验的区别度达到了 92，PC1 的贡献率 99.306％，PC2 的贡献率 0.2473％，总的贡献率 99.5533％，已大于 85％，表明 PC1-PC2 可以很好地反映该试验整体的气味信息。从图中可以看出，纯 LDPE 膜组和试验组第 2 天气味就开始有区别，已分散于两个象限中，经改性膜包装的香豆干第 6 天开始出现气味变化，到了第 12 天纯 LDPE 膜包装的香豆

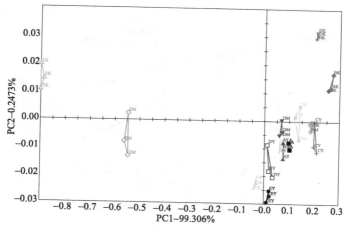

图 4-6　电子鼻测试结果

干与改性膜包装的香豆干在气味上已明显地分于两个象限中，且与初始气味产生了较大的差距。预处理液＋改性膜包装的香豆干在贮藏的 12 天中，几乎都处于第Ⅰ象限中，说明改性膜包装的经预处理液处理的香豆干气味变化不大，也就是没有发生明显的腐败变质，这一变化与感官评价中得到的评分结果以及评分人员的反映一致。

三、生鲜香豆干感官评价

试验中把生鲜香豆干胀袋的情况、色泽的变化、气味变化、滋味以及表面状态作为评分指标，见表 4-6。

表 4-6　香豆干感官评定指标

评分/分	胀袋	色泽	气味及滋味	表面状态
0～4	袋内有大量气体	外表淡褐色，内部微黄色	豆渣感，腐败酸味	表面出现浑浊黏液和霉变
4～8	微胀袋	外表黄色，内部暗白色	松弛、轻微发酵味、口感较差	表面有水渗出，但不浑浊，无霉变
8～10	未胀袋	外表黄色，内部乳白色	滑、软、弹性好、豆香味浓	表面光滑，无气孔

香豆干在贮藏过程中感官评分的变化见图 4-7。

由图 4-7 可以看出，纯 LDPE 膜、CP-EF 改性 LDPE 抑菌防霉薄膜和预处理液＋改性膜处理包装的香豆干的感官评分都呈下降趋势，且纯 LDPE 膜组和试验组的香豆干得到的感官评分差异显著（$P < 0.05$），试验中可以

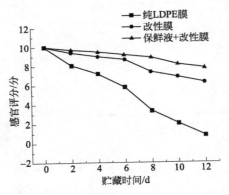

图 4-7　贮藏过程中香豆干感官评分

观察到纯 LDPE 膜包装的香豆干第 3 天就失去了原有的色泽，第 4 天就开始出现胀袋现象，而后逐渐开始出现黏液并开始伴随有酸败味，而 CP-EF 改性 LDPE 抑菌防霉薄膜包装的豆干第 8 天才开始出现轻微的腐败现象，此时的感官评分为 7.4 分，要远远高于纯 LDPE 膜包装的香豆干的感官评分 3.4 分。CP-EF 改性 LDPE 抑菌防霉薄膜包装的经预处理液处理过的香豆干第 6 天时还保存完好，无任何变坏的迹象，第 8 天色泽开始出现变化，但并没有腐败的迹象，此时的感官评分为 8.9 分，第 10 天时小部分表面出现水雾，豆香味变淡，但仍是宜人的豆香味。

四、生鲜香豆干蛋白质含量测试

用盐酸标准滴定液滴定，可通过消耗掉的酸的量计算出所含的氮量，再乘换算系数，就得蛋白质含量。蛋白质含量用下式计算。

$$X = \frac{(V_1 - V_2) \times c \times 0.0140}{m \times V_3 / 100} \times F \times 100$$

式中：X 为样品蛋白质含量，g/100g；V_1 为样品消耗掉盐酸标准滴定液体积，mL；V_2 为空白试剂消耗掉盐酸标准滴定液体积，mL；c 为盐酸标准滴定液的浓度，mol/L；0.0140 为与 1.0mL 盐酸 [c（HCl）= 1.000mol/L] 标准滴定液相当的氮的质量，g；M 为试样的质量，g；V_3 为吸取的消化液体积，mL；F 为氮换算成蛋白质的系数；100 为换算系数。

图 4-8 表示的是三种不同包装膜包装的生鲜香豆干在贮藏过程中的蛋白质含量的变化。

从图 4-8 中可以看出，未经预处理液处理的生鲜香豆干中初始的蛋白质

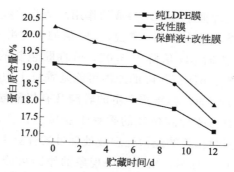

图 4-8　贮藏过程中香豆干蛋白质含量变化

含量为 19.108%，预处理液＋改性膜处理的香豆干的初始蛋白质含量为 20.245%，均比大豆中含有的蛋白质含量 40% 要低好多，这可能是在把大豆加工成香豆干的过程中要进行压榨等工序，会导致部分蛋白质随之流失。从图中可以看出，贮藏过程中蛋白质也处于一个不断流失的过程，纯 LDPE 膜包装的香豆干的蛋白质含量从第 2 天开始流失就较快，随后变化趋势相对平缓，可能是变质初期香豆干中的营养物质较丰富，微生物大量繁殖，使大量蛋白质被分解利用。改性膜包装的香豆干前 6 天蛋白质的含量变化比较平稳，说明其前 6 天并没有被微生物分解变质，保鲜效果良好。

五、生鲜香豆干 pH 值测试

pH 值参考国标 GB 5009.237—2016 测定。贮藏过程中香豆干 pH 值变化见图 4-9。

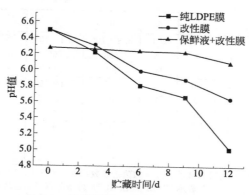

图 4-9　贮藏过程中香豆干 pH 值变化

从图 4-9 可以看出，未经预处理液处理的生鲜香豆干的初始 pH 值为 6.49，接近中性，与经过预处理液处理的香豆干的初始 pH 值存在一定差异，可能是因为预处理液中食醋水溶液的作用。随着贮藏时间的延长，香豆干的 pH 值逐渐下降，但从总体上来说，pH 值的变化并不大，纯 LDPE 膜包装的香豆干第 12 天时 pH 值降为 5.02，改性膜包装的香豆干第 12 天时 pH 值降为 5.64，导致 pH 值下降的原因可能是香豆干中存在的乳酸菌和其它微生物分解香豆干中的营养物质产生的乳酸及有机酸导致的。改性膜 pH 值变化小，可能是因为改性膜包装的香豆干变质缓慢，产生的酸性物质较少。改性抗菌防霉薄膜包装的经预处理液处理过的香豆干前 9 天的 pH 值变化很平稳，仅下降了 0.48%，出现这一现象的原因可能是经过预处理液处理后不仅杀死了香豆干中的原始菌落，还在香豆干表面形成了一层保护膜，同时改性膜的阻隔作用及包装袋内部的抗菌防霉环境使内部的香豆干长期处于一种被保护状态，延缓了其腐败变质时间。

六、生鲜香豆干微生物测试结果

微生物菌落总数测试按照 GB 4789.2—2016 的规定执行，大肠菌群测试按照 GB 4789.3—2016 的规定执行。按照 GB 9921—2013《食品安全国家标准食品中致病菌限量》的规定，非发酵豆制品分别按照 GB4789.4—2016 的要求对香豆干中沙门氏菌进行检验，按照 GB4789.10—2016 的要求对香豆干中金黄色葡萄球菌进行检验。

香豆干在贮藏过程中菌落总数、大肠菌群以及致病菌的变化见表 4-7。

表 4-7 贮藏过程中香豆干菌落变化结果

微生物指标		时间/d					
		2	4	6	8	10	12
菌落总数/(CFU/g)	a	298	801	8.3×10^4	6.3×10^5	不可计数	不可计数
	b	1	23	208	709	4.9×10^3	1.8×10^5
	c	1	12	98	131	420	698
大肠菌群/(10^{-2}MPN/g)	a	20	51	171	1.1×10^3	2.6×10^5	不可计数
	b	0	0	16	31	69	132
	c	0	0	0	0	5	11
致病菌	a	—	+	+	+	+	+
	b	—	—	—	—	+	+
	c	—	—	—	—	—	—

注："a"表示纯 LDPE 薄膜包装的香豆干的菌落参数；"b"表示 CP-EF 改性 LDPE 抑菌防霉薄膜包装的香豆干的菌落参数；"c"表示 CP-EF 改性 LDPE 抑菌防霉薄膜包装的经预处理液处理过的香豆干的菌落参数；"+"表示能检出致病菌；"—"表示不能检出致病菌。

由表 4-7 可知，随着贮藏时间的延长，香豆干中的菌落总数越来越多。纯 LDPE 膜包装的香豆干在第 4 天时微生物已超标，改性膜第 8 天时得的微生物含量接近了 GB 2711—2014 中规定的微生物限量，此后微生物均开始借助香豆干中的水分和营养物质大量繁殖，同时也出现了致病菌。而经过预处理液处理并用改性膜包装的香豆干表现出了良好的抑菌效果，在 12 天的贮藏期内一直还未出现菌落超标的现象，也无致病菌被检出。说明预处理液和改性膜协同抗菌效果显著，预处理液在杀死豆干表面原始菌落的同时还延缓了香豆干的变质。与此同时，改性膜通过缓慢释放抗菌剂和防霉剂，起到了双重保护作用，从而使香豆干的贮藏期大大延长。

七、生鲜香豆干水分含量

香豆干中的水分含量按 GB5009.3—2016 的规定，采用直接干燥法进行测定。香豆干在贮藏过程中水分含量的变化见图 4-10。

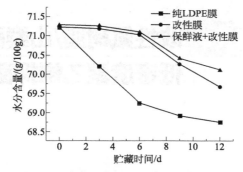

图 4-10　贮藏过程香豆干水分含量的变化

由图 4-10 可知，香豆干在贮藏过程中水分含量在下降，但总体上变化并不大。未经预处理液处理的香豆干的初始含水量为 71.22g/100g，经过预处理液处理的香豆干的初始含水量为 71.28g/100g，经纯 LDPE 薄膜包装的香豆干在贮藏 12 天后水分含量变为 68.74g/100g，下降了 3.48％，而经 CP-EF 改性 LDPE 抑菌防霉薄膜包装的香豆干水分含量只下降了 2.19％，这可能是由于改性膜包装的香豆干腐败比较慢，香豆干中的液体外渗的相对较少，故贮藏 12 天后其含水量下降的比纯 LDPE 膜少。改性膜包装的经预处理液处理过的香豆干的含水量在 12 天中只下降了 1.63％，这与试验过程中观察到的现象也一致。在贮藏过程中，纯 LDPE 膜包装的香豆干在贮藏后期包装袋内有大量的渗出液，而预处理液＋改性膜处理的香豆干仅有少量水状黏液附着在香豆干表面。经预处理液处理后生鲜香豆干的水分含量发生了轻微的变化，增加了 0.08％，这可能是干燥后预处理液中的少量白砂糖、食盐、食醋残留在香豆干中，使其初始含水量有部分变化。

第五章 改性氟树脂/山梨酸/丙酸钙－低密度聚乙烯抑菌防霉薄膜

丙酸钙是一种酸性食品添加剂，丙酸钙的抑菌防霉机理是使微生物体内的蛋白质发生一定程度上的变性，从而抑制微生物细胞内的酶系统活性，达到抑菌防霉的作用。另外，丙酸钙在酸性环境下产生的游离丙酸分子，可以穿过微生物的细胞壁，抑制微生物细胞内的酶系统活性，达到抑菌防霉的作用。吐司面包中含有一定的水分，为微生物的生长繁殖提供了条件，而生活中常用的面包包装只有隔绝空气的作用，能在一定程度上抑制面包内微生物的生长繁殖，但是抑菌防霉效果有限，并不能解决面包的发霉问题。所以，市场上流行的无防腐剂添加的新鲜吐司面包保质期和贮藏期大大缩短，影响了面包的品质。

目前，正开展把包装薄膜与抑菌防霉剂结合并将其用于面包防霉保鲜包装方面的相关研究。首先，抑菌防霉包装可以减轻微生物对面包的侵害；其次，抑菌防霉包装可以延长面包的保质期，促进商品流通。从食品安全角度来说，抑菌防霉包装不但可以将食品与外界环境隔绝，防止微生物进入食品包装体系，并且可以通过控制包装内环境的气体成分和相对湿度等，起到延长吐司面包贮藏期的作用。然而，传统的塑料包装薄膜性能不够完善，易造成面包的腐败变质。本章选择改性氟树脂（FM）、山梨酸（SA）、丙酸钙（CP）作为防霉剂，以低密度聚乙烯（LDPE）为薄膜基材，制备抑菌防霉包装薄膜。研究不同质量分数的丙酸钙加入抑菌防霉薄膜中对薄膜性能的影响，特别是对抑菌防霉薄膜透光性、拉伸强度以及抑菌防霉性能的影响。同时，对常温条件下包装的新鲜面包，每隔 3 天测定其感官指标、失重率、过氧化值、酸价、蛋白质含量、菌落总数等指标，从而研究低密度聚乙烯抑菌防霉包装薄膜对新鲜吐司面包保鲜品质的影响。

第一节

材料和设备

一、材料和试剂

低密度聚乙烯（LDPE）：LD103，中国石化，市售。

山梨酸（SA）：食品级，国药集团化学试剂有限公司。

丙酸钙（CP）：南通奥凯生物技术开发有限公司。

改性氟树脂（FM）：实验室自制？

吐司面包：上海清美绿色食品有限公司。

二、仪器和设备

主要仪器和设备见表 4-1。

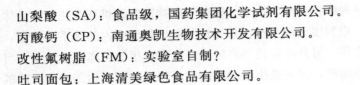

改性氟树脂/山梨酸/丙酸钙-低密度 聚乙烯抑菌防霉薄膜的制备方法

以 LDPE 树脂为基材，向其中添加质量分数为 4% 的改性氟树脂（FM）和 2% 的山梨酸（SA），在此基础上分别加入 0.5%、1.0%、1.5%、2.0%、2.5%、3.0% 的丙酸钙（CP），混合均匀后，经双螺杆挤出机挤出，然后用切粒机切断成粒，制得改性抑菌防霉母粒。挤出机各区温度控制为：160℃、165℃、170℃、175℃、180℃、170℃、160℃，转速为 35r/min。

制膜方案见表 5-1，将制得的母粒加入到流延机中，熔融挤出后，制得改性抑菌防霉聚乙烯包装薄膜。单螺杆挤出机各区温度控制为：165℃、170℃、180℃、170℃、170℃、170℃、170℃，转速为 45r/min。

表 5-1　薄膜制备配方

组别	LDPE/%	改性氟树脂/%	山梨酸/%	丙酸钙/%
A	93.5	4	2	0.5%
B	93.0	4	2	1.0%
C	92.5	4	2	1.5%
D	92.0	4	2	2.0%
E	91.5	4	2	2.5%
F	91.0	4	2	3.0%

改性氟树脂/山梨酸/丙酸钙-低密度聚乙烯抑菌防霉薄膜的性能

一、抑菌防霉薄膜的光学性能

依据测试方法 ASTMD1003—1997，通过透光率/雾度测定仪（WGT/S）测试抑菌防霉薄膜的透光率和雾度。每组测试 5 次，结果取平均值。

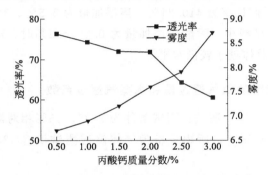

图 5-1　丙酸钙含量对薄膜透光率和雾度的影响

从图 5-1 可以看出，随着薄膜中丙酸钙含量的增加，抑菌防霉薄膜的透光率总体呈现下降的趋势，而相应地，抑菌防霉薄膜的雾度总体呈现上升的趋势，特别是丙酸钙含量达到 2％以上时，抑菌防霉薄膜的透光率受到较大影响，下降速度加快，雾度也快速上升。当丙酸钙含量小于 2％时，抑菌防霉薄膜的透光率从 76％下降至 70％，变化不甚明显。通过肉眼观测，抑菌防霉薄膜中丙酸钙含量在 2％以下时，薄膜透明性较好，无颗粒感。从抑菌防霉薄膜的光学性能可以很明显地看出，当丙酸钙的含量较高时，薄膜的透明度明显降低，这说明丙酸钙在高温下并未进行溶解交联。

二、抑菌防霉薄膜的力学性能

力学性能测试按照 GB/T 1040.3—2006 进行，将薄膜裁剪成 15mm×120mm 的长条状。根据 ASTM D882—2009，拉伸机夹距设为 50mm，拉伸速率为 300mm/min。每个样品测试 8 次以上，取平均值。

表 5-2　丙酸钙含量对薄膜力学性能的影响

组别	厚度/mm	拉伸强度/MPa	断裂伸长率/%	拉伸模量/MPa
A	0.046	15.43	517.69	18.63
B	0.039	14.18	493.65	17.25
C	0.045	13.29	473.25	16.15
D	0.052	12.17	462.36	15.04
E	0.049	10.50	430.16	18.34
F	0.052	10.10	410.24	19.73

丙酸钙含量对抑菌防霉薄膜力学性能的影响见表 5-2，由表可知，随着丙酸钙含量的增加，薄膜的拉伸强度和断裂伸长率都呈现出下降的趋势。当添加量在 1%～2% 时，拉伸强度和断裂伸长率变化不大，但是，仍旧是缓慢下降的趋势，当添加 3% 的丙酸钙时（即 F 组），薄膜拉伸强度最小，为 10.10MPa，断裂伸长率为 410.24%；当添加量为 2.5%、3% 时，拉伸强度和断裂伸长率明显减小。丙酸钙添加量为 0.5%～3% 时，薄膜拉伸模量变化趋势不明显，总体处于较低水平。

三、抑菌防霉薄膜的氧气透过量和水蒸气透过系数

氧气透过量（OP）测试：测试条件为 23℃、65% 相对湿度，按照国标 GB/T 1038—2000 测定，所用设备为气体渗透测试仪（G2/132 型）。每个样品测 3 次。

水蒸气透过系数（WVP）测试：测试温度 37.8℃，线性压力为 0.2MPa，湿面相对湿度 100%，干面相对湿度 10%。每组样品测试 9 次（结果误差＜5%），取平均值。

对于面包而言，氧气是引起其发霉变质的一个重要因素。因此，研究包装薄膜的氧气透过性对提高食品的防霉保鲜效果有很重要的意义。由图 5-2

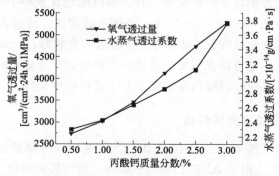

图 5-2　丙酸钙含量对薄膜水蒸气透过系数和氧气透过量的影响

可知，丙酸钙的加入降低了抑菌防霉薄膜对氧气和水蒸气的阻隔性。随着丙酸钙含量的增大，抑菌防霉薄膜的氧气透过量逐渐上升，透过量越大，阻隔性能越差，这可能是因为适量的丙酸钙均匀分布在薄膜内，而过多的丙酸钙则造成 LDPE 分子间隙变大，使气体分子的通过变得容易，因此薄膜的通透性增大。

四、抑菌防霉薄膜的微观结构

样品处理方法：薄膜经冷冻处理后，裁成薄片（5mm×3mm），经喷金处理后，观察各组薄膜横截面微观结构。

改性抑菌防霉聚乙烯包装薄膜的横截面电镜扫描微观结构见图 5-3。6 组薄膜横截面放大 1800～2000 倍后，观察到薄膜整体光滑均一，结构正常，没有发现气孔、团聚等现象，说明在成膜过程中，山梨酸、改性氟树脂、丙酸钙三相相容性良好，而且改性氟树脂中的抑菌物质能均匀地分布在膜体中，对薄膜本身的致密结构不造成影响。随着丙酸钙含量的增加，整个膜体系的相容性发生变化，而丙酸钙熔点较高，含量较多时会对成膜的性能造成一定的影响。

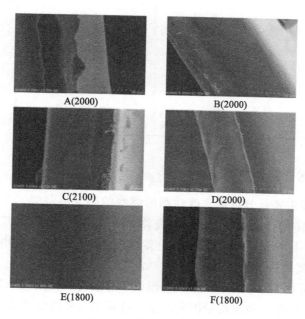

图 5-3　薄膜的微观结构

五、抑菌防霉薄膜的抑菌防霉效果

参照 GB 4789.2—2016《食品安全国家标准 食品微生物学检验 菌落总数测定》，对面包储存（15d）过程中的菌落总数进行统计，以此来鉴定改性包装薄膜的抑菌防霉效果。

由表 5-3 可知，加入丙酸钙的抑菌防霉薄膜对面包的抑菌防霉效果明显，菌落总数和霉菌的生长繁殖得到一定程度的抑制。当丙酸钙含量达到 1.5％以上时，抑菌防霉效果明显提升，但是丙酸钙含量为 3.0％时，面包发霉变质现象严重。这可能是因为丙酸钙添加量太多，对薄膜的致密性造成影响。当丙酸钙含量较低（1.5％以下）时，抑菌物质的释放率低，对面包中的霉菌生长繁殖起不到抑制作用，而当丙酸钙的含量达到 2.0％以上时，释放出的抑菌物质较多，对霉菌有较好的抑制作用，从而起到抑菌防霉的效果。

表 5-3　丙酸钙含量对薄膜抑菌效果的影响

丙酸钙含量/％	抑菌效果		
	菌落总数/(CFU/g)	大肠菌群/(MPN/100mL)	霉菌/(CFU/g)
0.50	$3.1×10^2$	<10	$2.5×10^3$
1.00	$2.6×10^2$	<10	$2.8×10^2$
1.50	90	<10	<10
2.00	70	<10	<10
2.50	60	<10	0
3.00	$1.9×10^3$	<10	$3.1×10^2$

六、抑菌防霉薄膜的热稳定性

热重测试主要是分析加入改性剂的薄膜的热分解趋势。具体操作如下：称取 5.0mg 样品，剪碎后放入陶瓷坩埚中待用。测试温度区间：35～550℃；温度上升速率：5℃/min。实验过程中，为避免热氧化，使用 0.05MPa 的氮气作为保护气。

热重分析如图 5-4 所示。第一阶段，所有的薄膜样品均未失重，质量损失为 0；第二阶段，薄膜质量损失迅速，特别是丙酸钙含量 2.5％～3.0％的包装薄膜；第三阶段，失重趋于平稳。添加适量丙酸钙的 B、C、D 组薄膜热稳定性较好，原因可能是丙酸钙与树脂分子间形成了具有较强作用力的分子间氢键，增大了热分解的温度。从曲线的整体分解趋势来看，在 330℃之前添加丙酸钙的薄膜均无明显分解趋势，对实际使用并无影响。

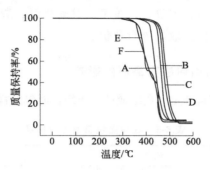

图 5-4　丙酸钙含量对薄膜热失重的影响

第四节

改性氟树脂/山梨酸/丙酸钙-低密度聚乙烯抑菌防霉薄膜对面包防霉保鲜效果的影响

选择改性氟树脂（FM）、山梨酸（SA）、丙酸钙（CP）作为防霉剂，以低密度聚乙烯（LDPE）为薄膜基材，制备防霉包装薄膜。

选用制备的六组抑菌防霉薄膜对面包进行包装，分别用 A_1、B_1、C_1、D_1、E_1、F_1 表示不同配比的抑菌防霉薄膜，具体实验设计见表 5-4，并以吐司面包的原包装作为对照。

表 5-4　实验配方

组别	LDPE/%	FM/%	SA/%
A_1	98.5	1	0.5%
B_1	97	2	1%
C_1	95.5	3	1.5%
D_1	94	4	2%
E_1	92.5	5	2.5%
F_1	91	6	3%

在常温下，将面包分别装入 6 种包装袋中，每袋装两片，每片重 80g 左右。每种包装袋做 5 组平行包装，总计 30 份。

根据吐司面包的感官评价、失重率、过氧化值、酸价、菌落总数等，对抑菌防霉薄膜的防霉保鲜效果进行评价。

一、抑菌防霉薄膜对面包感官品质的影响

请 10 名专业的感官评定人员组成评定小组，面包感官评分标准见表 5-5。

表 5-5　吐司面包感官评分标准

评分/分	形态	色泽	气味	口感	组织
5	完整、表面光洁、无斑点	表面呈金黄色和淡棕色，均匀一致，有发白现象	具有强烈面包香味、芳香，无异味	松软适口	有强烈弹性，切面气孔大小均匀
4	比较完整、表面比较光洁，无斑点	表面呈较浅金黄色和淡棕色，较均匀，无发白现象	具有面包香味、芳香，无异味	松软适口	有强烈弹性，切面气孔大小均匀
3	较少缺损、有斑点	表面呈浅金黄色和淡棕色，较均匀，细微发白现象	具有较淡面包香味、芳香，无异味	比较松软适口	有细微弹性，部分切面气孔大小均匀
2	有明显缺损、有明显斑点	表面不呈金黄色和淡棕色，不均匀，部分有发白现象	具有较淡面包香味、芳香，无异味	较硬	有细微弹性，部分切面气孔大小均匀
1	有较多明显缺损、有较多明显斑点	表面不呈金黄色和淡棕色，不均匀，通体有发白现象	具有较淡面包香味、芳香，无异味	口感很硬	有细微弹性，部分切面气孔大小均匀

感官评价结果见表 5-6。

表 5-6　感官评价　　　　　　　　　　　　　　　单位：分

贮藏时间/d	A_1	B_1	C_1	D_1	E_1	F_1
0	5	5	5	5	5	5
3	4	4	4	5	5	5
6	4	4	4	5	5	4
9	2	2	3	4	4	4
12	1	1	2	4	3	3
15	1	1	1	3	3	3

表 5-6 为感官评价，从表中的评分结果可以看出，随着贮藏时间的增加，吐司面包的感官评分整体呈现逐渐下降的趋势，这是吐司面包与空气、

微生物等发生的一系列反应所导致的。第 6 天的时候，A_1、B_1 组吐司面包已出现较小的霉斑状态，感官评分数仅为 3 分，而第 4 天效果最好的 D_1 组及 E_1 组均为 5 分。第 9 天时，A_1、B_1、C_1 三组吐司面包均出现大小不一的霉斑，出现了不同程度的发霉现象，而 D_1、E_1、F_1 三组吐司面包仍然保持较好的外观品质。第 12 天，A_1、B_1、C_1 三组均发生霉变现象，甚至长出了成片的霉菌，而 D_1、E_1、F_1 有个别组吐司面包发硬之外，色泽、气味等基本无明显变化。总的来说，加入 4% 以上的改性氟树脂和 2% 以上的山梨酸对抑制吐司面包的霉变有一定的作用，其中效果最好的为 D_1、E_1 和 F_1 组。

二、抑菌防霉薄膜对面包过氧化值的影响

面包过氧化值根据 GB 5009.227—2016《食品中过氧化值的测定》方法进行测定，计算公式如下：

$$X_1 = \frac{(V - V_0) \times c \times 0.1269}{m} \times 100$$

式中：X_1 为过氧化值，g/100g；V 为消耗的 $Na_2S_2O_3$ 体积，mL；V_0 为空白试验消耗的 $Na_2S_2O_3$ 体积，mL；c 为 $Na_2S_2O_3$ 溶液浓度，mol/L；m 为质量，g。

图 5-5 是贮藏期间面包过氧化值的变化。

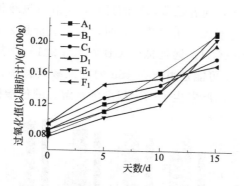

图 5-5　贮藏期间面包过氧化值的变化

通过对面包过氧化值的测定结果可以看出，6 组用不同包装材料包装的面包随着贮藏天数的增加，过氧化值均呈现上升的趋势，这说明，面包中的油脂均出现了一定程度的酸败。但是，根据 GB 7099—2015 中的规定，过氧化值指标应小于等于 0.25g/100g。从图 5-5 可以看出，面包在贮藏 10d 后，各组过氧化值数值最高是 0.16g/100g，最低是 0.13g/100g，说明面包

贮藏 10d 以内，油脂酸败程度很低，而贮藏天数超过 15d 时，A_1、B_1 组的过氧化值指标接近 0.25g/100g，特别是 B_1 组的面包过氧化值达到 0.24g/100g，面包中的油脂会出现很大程度的酸败，基本无法正常食用。但是，通过对比 6 组吐司面包的过氧化值指标，在 0～10d 内，D_1、E_1 组的过氧化值上升较慢，原因可能是包装薄膜材料的阻隔性和释放性抑菌物质，在一定程度上降低了油脂的酸败速度和微生物的分解利用。通过 6 组过氧化值的对比，在缓解油脂酸败方面，4％以上改性氟树脂和 2％山梨酸改性 LDPE 抑菌防霉薄膜在一定程度上起到了很好的作用。

三、抑菌防霉薄膜对面包酸价的影响

酸价根据 GB5009.229—2016《食品中酸价的测定》进行测定。计算公式如下：

$$X_{AV} = \frac{(V - V_0) \times c \times 56.1}{m}$$

式中，X_{AV} 为酸价，mg/g；V 为消耗标准溶液体积，mL；V_0 为空白试样消耗的标准溶液体积，mL；c 为标准溶液的浓度，mol/L；m 为样品质量，g。

通过对面包酸价的测定，可以得出面包中游离脂肪酸的含量。从图 5-6 所示酸价柱状图可知，随着贮藏期限的延长，6 组面包酸价均呈现不同程度的升高，但整体变化不大。在贮藏 15d 时，最高酸价是 2.40mg/gKOH，而最小值是 1.92mg/gKOH，远远低于 GB 7099—2015 中规定的酸价指标不超过 5mg/gKOH。这可能是由于在 15d 内的贮藏过程中，由于温度、微生物和分解酶的作用，油脂发生了一定程度的水解。酸价指标越小，说明面包

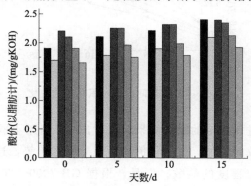

图 5-6 贮藏期间面包酸价的变化
（每个柱状图组从左至右依次为 A_1、B_1、C_1、D_1、E_1、F_1）

中的油脂酸败变质程度越低，所以，包装薄膜材料的阻隔性和释放性抑菌物质，在一定程度上降低了油脂的酸败速度并且减少了微生物对面包的分解利用。

四、吐司面包菌落总数的测定

根据 GB/T 4789.2—2016《食品安全国家标准 食品微生物学检验 菌落总数测定》规定的方法，测定用不同配比的改性氟树脂-山梨酸-丙酸钙-低密度聚乙烯抑菌防霉薄膜包装的吐司面包的菌落总数。

由表 5-7 可知，面包贮藏 15d 后，当山梨酸含量在 1.5% 以下时，菌落总数较多且有霉菌大量生长；当山梨酸含量达到 2% 以上时，抑菌防霉效果明显提升，在长达 15d 内吐司面包菌落总数都控制在一定范围内，说明霉菌的生长得到明显的抑制，从而很大程度上延长了面包的贮藏期。这可能是因为 2% 的山梨酸有一定的抑菌作用，再加上改性氟树脂中的抗菌物质在共混时分散在薄膜体系中，与山梨酸的抑菌作用共同加强，使薄膜的抑菌性能进一步增强。当山梨酸含量较低（2% 以下）时，抑菌物质的释放率低，不能完全抑制吐司中细菌和霉菌的生长繁殖，当山梨酸的含量达到 2% 以上时，抑菌物质释放量较大，起到抑菌防霉的效果。也有可能是改性氟树脂和山梨酸的交联作用，使薄膜中的抑菌物质得以释放，或者释放的速率有所提高，从而很大程度上提高了包装材料的抑菌性能。

表 5-7　山梨酸含量对吐司面包菌落总数的影响

山梨酸/%	抑菌效果		
	菌落总数/(CFU/g)	大肠菌群/(MPN/100mL)	霉菌/(CFU/g)
0.5%	1.9×10^4	<10	2.1×10^3
1.0%	2.7×10^3	<10	4.1×10^2
1.5%	6.3×10^2	<10	<10
2.0%	100	<10	<10
2.5%	80	<10	0
3.0%	<10	<10	0

感官评价及其他鲜度指标均表明：改性抑菌防霉包装薄膜对吐司面包的防霉保鲜效果最好，相对于纯 LDPE 薄膜，常温下能使吐司面包的保质期延长 10～15d。抑菌防霉包装薄膜可以有效抑制细菌及霉菌的生长，失重率

变化较纯 LDPE 薄膜趋势缓慢，用抑菌防霉包装薄膜包装后的面包在 10d
内，其过氧化值、酸价与新鲜面包吐司相比，变化趋势不明显。综合来说，
4％FM＋2％SA＋1％CP 组合配方制作的抑菌防霉包装薄膜对吐司面包具有
良好的防霉保鲜作用。

第六章 苯甲酸钠/改性氟树脂改性LDPE抑菌防霉薄膜

第一节

苯甲酸钠/改性氟树脂改性 LDPE 抑菌防霉薄膜的制备

改性氟树脂是一种具有抑菌防霉效果的树脂，能抑制微生物细胞分裂及呼吸作用，控制微生物的繁殖，对霉菌和细菌有良好的抑制作用，且对温度和 pH 值无要求，适用性广。

将苯甲酸钠和改性氟树脂以质量分数为 2：3 的比例混合均匀，然后将混合均匀的苯甲酸钠/改性氟树脂以质量分数为 20％的比例与高分子树脂进行混合，充分搅拌均匀后加入到双螺杆挤出机中，通过高温熔融、塑化，得到改性的树脂母粒，然后将改性母粒以质量分数 5％、10％、15％、20％、25％的比例与低密度聚乙烯混合，加入到单螺杆挤出装置中，通过流延机得到五种不同的改性薄膜。双螺杆挤出机 7 个区的温度分别为：160℃、170℃、175℃、180℃、170℃、170℃、160℃，转速为 50r/min；单螺杆挤出机各区温度分别为：160℃、170℃、180℃、185℃、170℃、160℃，转速为 45r/min。试验配方设计见表 6-1。

表 6-1 试验配方设计

膜编号	苯甲酸钠/％	改性氟树脂/％
A	0.4	0.6
B	0.8	1.2
C	1.2	1.8
D	1.6	2.4
E	2	3

苯甲酸钠/改性氟树脂改性 LDPE 抑菌防霉薄膜的性能

一、苯甲酸钠/改性氟树脂改性 LDPE 抑菌防霉薄膜的结构表征

薄膜的结构表征是为了观察树脂与所添加抗菌剂之间的相容情况及交联情况，只有抗菌剂与树脂间有良好的相容性，才能使抗菌剂均匀且稳定地存在于薄膜体系中。抗菌剂在薄膜内的分散情况会影响薄膜的物理性能，因为抗菌剂一般为固体状态，如苯甲酸钠为颗粒状。抗菌剂在一定程度上能在高温剪切力的作用下完全熔融，不发生团聚，很好地分散在薄膜体系内，使薄膜呈现原有的平滑状态，且不会出现颗粒感及孔洞；若添加抗菌剂过多，将无法完全与高分子树脂相容，薄膜会存在颗粒感及孔洞。图 6-1 是添加不同含量抗菌剂后薄膜的扫描电镜图。

(a) 1%苯甲酸钠/改性氟树脂　(b) 2%苯甲酸钠/改性氟树脂　(c) 3%苯甲酸钠/改性氟树脂

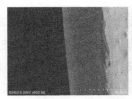 

(d) 4%苯甲酸钠/改性氟树脂　(e) 5%苯甲酸钠/改性氟树脂

图 6-1　苯甲酸钠/改性氟树脂改性 LDPE 抑菌防霉薄膜的微观结构图

由图 6-1 可以看出，在 1000 倍放大倍数下，抗菌剂添加量为 1% 的薄膜表面光滑平整，无团聚现象，随着添加量的增加薄膜的光滑性越来越差，但是整体上较为平整，这可能与添加的抗菌剂是固体形态有关；当添加量为

4％、5％时会出现颗粒，但无明显孔洞。说明苯甲酸钠、改性氟树脂与低密度聚乙烯三者相容性良好，或者是在一定添加量范围内抗菌剂能均匀分散在树脂间隙中。

二、苯甲酸钠/改性氟树脂改性 LDPE 抑菌防霉薄膜的光学性能

纯净低密度聚乙烯制备的薄膜具有良好的透明性，能透过薄膜看到所包装产品的形态。但随着改性助剂的添加，低密度聚乙烯薄膜的透光性会受到一定影响。由图 6-2 可知，随着抗菌剂的加入，改性薄膜呈现雾度逐渐增大，透光率逐渐减小的趋势，与 A 组（添加 1％抗菌剂，雾度 17.2％、透光率 78.7％）相比，E 组（添加 5％抗菌剂，雾度 39.4％、透光率 40.97％）雾度增大了 22.2％，透光率下降了 37.73％，这可能是抗菌剂分散在薄膜中影响了光在薄膜内的反射和折射，从而影响了薄膜的光学性能。

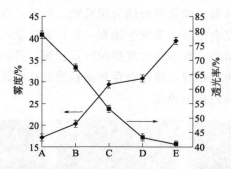

图 6-2　苯甲酸钠/改性氟树脂改性 LDPE 抑菌防霉薄膜的光学性能

三、苯甲酸钠/改性氟树脂改性 LDPE 抑菌防霉薄膜的力学性能

如图 6-3 所示，改性薄膜的拉伸强度和断裂伸长率随着苯甲酸钠/改性氟树脂添加量的增加而呈上升趋势。当苯甲酸钠/改性氟树脂添加量增加到 5％时，改性薄膜的拉伸强度达到 15.13MPa，断裂伸长率增加至 539.8％，薄膜的内部结构显示抗菌剂添加量增至 5％时，薄膜间不存在明显孔洞，细微的表面粗糙对薄膜的力学性能无不良影响。抗菌剂苯甲酸钠、改性氟树脂的加入增强了薄膜的力学性能，可能是二者与低密度聚乙烯能很好地相容，并且改性氟树脂的加入促进了苯甲酸钠中钠离子与低密度聚乙烯的交联，增强了低密度聚乙烯的强度和韧性，使改性薄膜的拉伸强度和断裂伸长率增大。

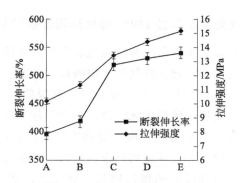

图 6-3　苯甲酸钠/改性氟树脂改性 LDPE
抑菌防霉薄膜的力学性能

四、苯甲酸钠/改性氟树脂改性 LDPE 抑菌防霉薄膜的水蒸气透过系数

低密度聚乙烯是一种非线型热塑性聚乙烯，含有多且长的支链，结晶度相对较低，分子间作用力小，属于非极性高聚物，对极性水分子具有较好的阻隔性能。由图 6-4 可以看出，随着改性氟树脂添加量的增加，改性薄膜的水蒸气透过系数呈现先降低后增大的趋势。当抗菌剂添加量为 3％ 时，水蒸气透过系数最低，为 $0.105g/(m^2 \cdot h \cdot 0.1MPa)$。这可能是抗菌剂的加入填充了薄膜的网链空隙，使薄膜的密度增大，水分子透过的孔隙变小，且经过高温重塑的改性薄膜中大分子的排列密度及结晶度的提高等也会提高改性薄膜对水蒸气的阻隔性能。随着改性氟树脂添加量的增加，改性薄膜的水蒸气透过系数变大，这可能与抗菌剂分子粒度较大且量多，不能完全分散在薄膜内部有关。

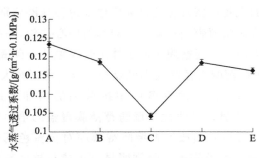

图 6-4　苯甲酸钠/改性氟树脂改性 LDPE
抑菌防霉薄膜的水蒸气透过系数

五、苯甲酸钠/改性氟树脂改性 LDPE 抑菌防霉薄膜的氧气透过量

薄膜的氧气透过量大小会影响薄膜内包装食品的品质，过多氧气的存在会导致食品发生氧化变质，增大好氧微生物的存活概率。分子极性越大，树脂的透气率越小，阻气性越好，所以纯 LDPE 薄膜的氧气透过量较大，需要对薄膜进行改性。使用气体渗透测试仪，参考国标 GB1038—2000 测试薄膜的氧气透过量，每个样品测试 6 次，结果取平均值。由图 6-5 可以看出，改性薄膜的氧气透过量随着改性氟树脂添加量的增加呈现先下降后上升的趋势。添加抗菌剂后，改性薄膜的极性增强，氧气透过率与纯 LDPE 薄膜相比有所下降，其中添加量为 3% 的 C 组氧气透过量最低，为 1400.53cm³/(m² · 24h · 0.1MPa)。

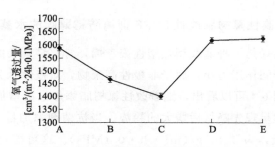

图 6-5　苯甲酸钠/改性氟树脂改性 LDPE
抑菌防霉薄膜的氧气透过量

六、苯甲酸钠/改性氟树脂改性 LDPE 抑菌防霉薄膜的抑菌防霉效果

用切刀将薄膜裁成直径为 16.00mm 的圆片，紫外灭菌 2h；在无菌条件下将预先活化好的大肠杆菌及金黄色葡萄球菌菌种悬液分别均匀涂布于琼脂培养基的表面，将无菌薄膜圆片贴于培养基的中心位置，37℃条件下将培养皿倒置于恒温培养箱中，观察膜表面菌体生长现象及抑菌圈大小。

通过图 6-6 中抑菌圈直径的大小可以看出改性薄膜对大肠杆菌和金黄色葡萄球菌的抑菌效果。随着改性薄膜中抗菌剂的增加，其抑菌圈直径增大，即抑菌效果越明显，且改性抑菌防霉薄膜覆盖的培养基下方均无菌落出现。从图 6-6 中可以看出改性抑菌防霉薄膜对金黄色葡萄球菌的抑制效果稍优于大肠杆菌，但差别不是特别明显，可能与抗菌剂释放的速率和多少有关。

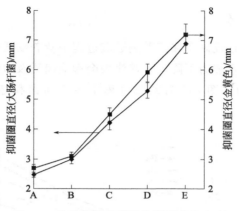

图 6-6　抑菌防霉薄膜的抑菌圈直径大小

第三节

苯甲酸钠/改性氟树脂改性 LDPE 抑菌防霉薄膜对酱卤鸭翅的保鲜效果

将苯甲酸钠和改性氟树脂以质量分数为 2∶3 的比例混合均匀，再将混合均匀的苯甲酸钠/氟树脂分别以质量分数为 1％、2％、3％、4％、5％添加到低密度聚乙烯树脂中，经过双螺杆挤出机造粒和流延机制膜后得到 5 种抑菌防霉薄膜。将制备好的薄膜裁剪成 10cm×10cm 规格大小的包装袋，并通过热封机三面封口。酱卤鸭翅处理：挑选颜色、大小较一致的酱卤鸭翅，随机分配为 5 组，每组 16 个，每次取样数为 2 个。将样品称重后装入制备的样品薄膜袋中，封口、标记之后放置于室温（25℃）下贮藏，每隔 2 天（即第 0、2、4、6、8 天取样）观察并检测其理化指标。

通过酱卤鸭翅的汁液流失率、菌落总数、盐基氮含量、硫代巴比妥酸值、色差变化、感官评定、电子鼻测定、质构测定等指标，对抑菌防霉薄膜的防霉保鲜效果进行评价。

一、汁液流失率变化

汁液流失率不仅反映了酱卤鸭翅贮藏过程中营养物质流失的情况，也说明了酱卤鸭翅的持水能力下降；汁液流失会影响肉质及口感，也会增大表面微生物繁殖的能力。图 6-7 为贮藏过程中各组酱卤鸭翅样品汁液流失率变化。

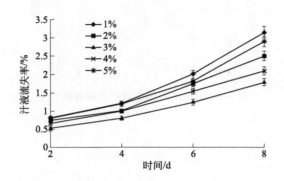

图 6-7 酱卤鸭翅贮藏过程中汁液流失率变化

由图 6-7 可以看出，随着贮藏时间的延长，五组酱卤鸭翅样品的汁液流失率都呈现上升趋势，其中添加 3％苯甲酸钠/改性氟树脂的薄膜包装的酱卤鸭翅在贮藏过程中汁液流失率最低，第 8 天时汁液流失率为 1.79％；而添加 1％苯甲酸钠/改性氟树脂的薄膜包装的酱卤鸭翅在贮藏时汁液流失率最大，且随着贮藏时间的延长，汁液流失率增长越快，到第 8 天时达到了 3.15％，这一现象的形成可能与薄膜的阻隔性和抑菌性能有关。

二、菌落总数变化

微生物的生长繁殖是影响酱卤鸭翅品质的重要因素，酱卤鸭翅因其生产特性而含有较多的水分，且营养物质丰富，很适合微生物的生长，酱卤肉制品菌落总数可接受水平的限量值为 4[lg(CFU/g)]。

五组不同苯甲酸钠/改性氟树脂含量的薄膜包装样品贮藏过程中菌落总数对数的变化如图 6-8 所示。五组样品初始菌落总数为 0.63[lg(CFU/g)]，从图 6-8 中可以看出在贮藏过程中五组样品的菌落总数均随贮藏时间的延长而增大，添加 1％苯甲酸钠/改性氟树脂的薄膜所包装的样品在整个贮藏过程中菌落总数是最高的，添加 3％苯甲酸钠/改性氟树脂的薄膜的抑菌效果最好，整个实验过程中样品的菌落总数量最低。结合薄膜性能的研究结果可

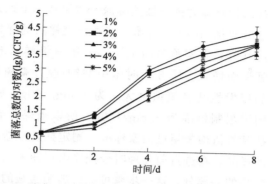

图 6-8 贮藏过程中各组酱卤鸭翅样品菌落总数对数变化

以看出，添加 3%苯甲酸钠/改性氟树脂的薄膜的抗菌效果加上其良好的阻隔性能很好地抑制了包装袋内酱卤鸭翅中微生物的生长繁殖；添加 5%苯甲酸钠/改性氟树脂的薄膜性能低于添加 4%苯甲酸钠/改性氟树脂的薄膜，但添加 5%苯甲酸钠/改性氟树脂的薄膜包装的样品在第 6 天和第 8 天时菌落总数低于添加 4%苯甲酸钠/改性氟树脂的薄膜包装的样品，可能是因为添加 5%苯甲酸钠/改性氟树脂的薄膜中抗菌剂的迁移量高于添加 4%苯甲酸钠/改性氟树脂的薄膜。由图也可以看出 4～8d 时各组样品菌落总数增长较快，而在 6～8d 时增长速率较慢，可能与贮藏后期各组包装薄膜中抗菌剂释放有关。

第 8 天时添加 1%苯甲酸钠/改性氟树脂薄膜包装的样品菌落总数为 4.46[lg(CFU/g)]，添加 2%苯甲酸钠/改性氟树脂薄膜包装的样品菌落总数 4.03[lg(CFU/g)]，添加 4%苯甲酸钠/改性氟树脂薄膜包装的样品菌落总数为 4[lg(CFU/g)]，三组样品的菌落总数均超过了国标规定的可接受限量值，而添加 3%苯甲酸钠/改性氟树脂和添加 5%苯甲酸钠/改性氟树脂的薄膜包装的样品的菌落总数均未超过规定值，分别为 3.68、3.96[lg(CFU/g)]，说明添加 3%苯甲酸钠/改性氟树脂和添加 5%苯甲酸钠/改性氟树脂的薄膜对酱卤鸭翅具有良好的保鲜效果，且添加 3%苯甲酸钠/改性氟树脂的薄膜保鲜效果更好，这可能与添加 5%苯甲酸钠/改性氟树脂薄膜的阻隔性能较差有关。

三、挥发性盐基氮含量变化

挥发性盐基氮被用来作为评定肉类及水产品质量的标准，是判断食品新鲜度的重要指标。在酶和细菌的作用下，将动物食品中的蛋白质进行分解，产生的氨及胺类含氮物质即为挥发性盐基氮。常温状态下贮藏的五组样品的挥发性盐基氮含量的变化如图 6-9 所示，酱卤鸭翅样品的挥发性盐基氮含量初始值为 8.01mg/100g，在实验时间范围内，每一组样品的挥发性盐基氮含量随着时间的延长而增大。第 8 天时苯甲酸钠/改性氟树脂添加量为 1％的薄膜包装的样品挥发性盐基氮值最大，为 15mg/100g。酱卤肉制品中挥发性盐基氮值的国家限制标准为 25mg/100g，所以当保存到第 8 天时每一组样品的挥发性盐基氮值均未超过国家标准。测定挥发性盐基氮含量时采用的是去皮去骨后的样品，在进行前处理时会把酱卤鸭翅表面的皮去掉，选取内部蛋白质含量较高的一部分，这一步骤可能会影响实验的结果，因为在贮藏时是将酱卤鸭翅完整地放在包装袋中，酱卤鸭翅表面会有残留的酱料，微生物首先会以表面营养物质为养料繁殖，破坏了样品表面结构，所以会导致测定结果偏低。

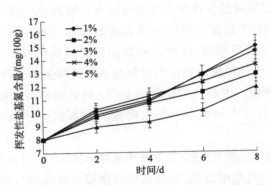

图 6-9　贮藏过程中各组样品中挥发性盐基氮含量变化

四、硫代巴比妥酸值变化

硫代巴比妥酸值（TBA 值）反映了酱卤鸭翅样品中脂质氧化情况，其实验结果以每千克样品中所含有的丙二醛（malonaldehyde，MDA）值来表示。硫代巴比妥酸值参照 Witte 法测定。称取 10g 酱卤鸭翅肉样（去除骨头），充分绞碎，置于 100mL 锥形瓶中，加入 50mL 现配的含 0.1％乙二胺四乙酸的 7.5％三氯乙酸溶液，震荡 30min，过滤，取 5mL 上清液，加入浓度 0.02mol/L 的 TBA 溶液 5mL，置于 90℃水浴锅中加热 40min，取出冷却后，设置离心机速度为 4000r/min，离心 20min，取上清液，加入 5mL 氯仿摇匀，静置分层后取上清液，分别测 600nm 和 532nm 处的吸光值，并用下式计算 TBA 值：

$$TBA\ 值(mg/100mg)=(A532-A600)\times 4.68$$

肉类食品中脂质氧化通常用 2-硫代巴比妥酸法（TBA 值法）进行评价，动物油脂中的不饱和脂肪酸在一定条件下发生氧化分解反应后产生的醛类物质和硫代巴比妥酸反应生成有色化合物。在不同吸光度下通过紫外分光光度计测出吸光值，然后经计算得到 TBA 值。TBA 值的高低反映了脂肪的二级氧化分解产物的多少；氧化程度越高，分解产生的醛类物质越多，TBA 值也就越大。图 6-10 为贮藏过程中各组样品 TBA 值变化。

由图 6-10 可以看出，随着贮藏时间延长，各组样品的 TBA 值呈现不同程度的上升。样品包装时，包装袋内不可避免地残留有一定量的氧气，使样品中的脂质发生氧化，虽然包装袋具有一定的阻隔性，但并非完全密封状态，氧气可以通过薄膜渗透到包装袋内部，进而促进样品中脂质氧化，图中显示氧气透过量低的薄膜（添加 3% 抗菌剂的薄膜）TBA 值增长较少，说明改性抑菌防霉薄膜对酱卤鸭翅的保鲜起到一定的作用，阻隔性好的薄膜在一定程度上抑制了样品中脂质物质的氧化。TBA 值变化虽然不能严格反映样品在贮藏过程中品质变化情况，但在一定程度上能反映出产品在贮藏时发生的氧化情况。

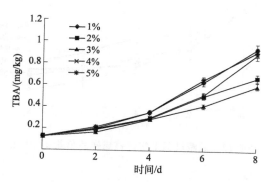

图 6-10 贮藏过程中各组样品 TBA 值变化

五、色差变化

色差用明度、色调和彩度这三种颜色属性的差异来表示。明度差表示深浅的差异，色调差表示色相的差异（即偏红或偏蓝等），彩度差表示鲜艳度的差异。色差的评定常应用于工业和商业生产中，主要用来控制生产过程中的配色和产品的颜色质量，常用明度（L^*）、色度（a^*、b^*）直接反映肉及肉制品的色泽，并可方便地应用于肉色分析。如图 6-11～图 6-14 所示，贮藏过程中样品的色泽发生不同程度的改变，亮度及红度值降低，说明在贮藏过程中酱卤鸭翅发生褪色现象，肉质红度变浅，且颜色变暗，呈现惨白状态；总色差 ΔE 逐渐增大，可直观地说明贮藏过程中酱卤鸭翅的颜色变化随时间延长而更加明显。但对比各组数据可以发现不同含量的抑菌防霉薄膜的包装效果不尽相同，保鲜效果最好的是抗菌剂添加量为 3% 的测试组。

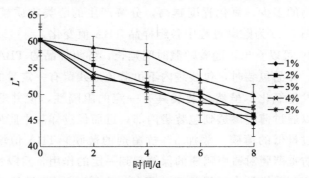

图 6-11　贮藏过程中酱卤鸭翅样品色差 L^* 变化

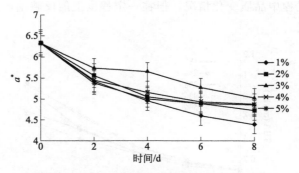

图 6-12　贮藏过程中酱卤鸭翅样品色差 a^* 变化

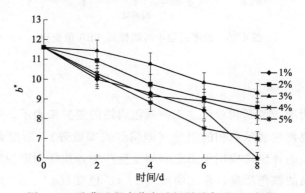

图 6-13　贮藏过程中酱卤鸭翅样品色差 b^* 变化

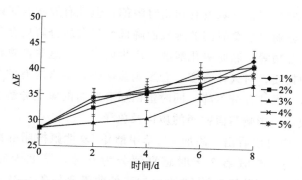

图 6-14　贮藏过程中酱卤鸭翅样品总色差 ΔE 变化

六、感官评定

以 10 名专业感官评定员组成评定小组，进行感官评定，感官评分采用 9 分制。每次评定单独进行，每 2 天评定一次。每次评定时取适量试样置于干净的白色盘中，在自然光下观察其色泽和状态，分别对色泽、气味、滋味、口感进行评分，评定标准如表 6-2 所示。

表 6-2　酱卤鸭翅感官评分标准表

指标	评分标准	评分/分
色泽	颜色不均匀,局部泛白	1~3
	颜色整体均匀,色泽较差	4~6
	颜色均匀,色泽好	7~9
气味	有异味,较少肉香味	1~3
	无异味,略有肉香味	4~6
	无异味,有酱卤鸭翅独特的香味	7~9
滋味	肉淡味淡,酱香味弱	1~3
	肉鲜味淡,酱香味好	4~6
	肉鲜味美,有独特的酱香味	7~9
口感	肉质软,弹性差,触碰会脱落	1~3
	肉质较软,略有弹性	4~6
	肉质紧实,弹性好	7~9

结合贮藏过程中样品的质构变化和样品感官分析对常温贮藏的酱卤鸭翅样品进行感官评分，贮藏的第 2 天，酱卤鸭翅的总体可接受程度良好，各个

指标均有良好的状态，气味没有初始时浓郁，但没有异味及腐败气味。酱卤鸭翅的感官评分随着贮藏时间的延长而降低，蛋白质分解后会产生氨气、硫化氢、胺类化合物等，脂肪氧化酸败，产生丙二醛，这些产物都是具有一定刺激性气味的物质，对人体有害，会影响酱卤鸭翅本来应有的气味，使包装的样品的气味、滋味评分下降，同时蛋白质和脂肪的氧化分解会导致酱卤鸭翅组织结构损坏，影响酱卤鸭翅的质构及色泽。

从图 6-15 中可以看出，添加 3％苯甲酸钠/改性氟树脂的薄膜包装的样品感官评分最高，贮藏第 2 天时感官评分为 9 分，第 8 天时感官评分为 6.75 分，比添加 5％苯甲酸钠/改性氟树脂的薄膜评分高 1.75 分，高于最低可接受值 5.4 分；第 8 天时添加 1％、4％、5％苯甲酸钠/改性氟树脂的薄膜包装的样品感官评分低于最低可接受值，说明添加苯甲酸钠/改性氟树脂后的低密度聚乙烯薄膜保鲜效果有所增高。

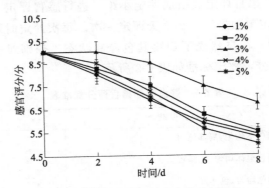

图 6-15　贮藏过程中各组样品感官评分

七、电子鼻测定

电子鼻是仿照人类的鼻子构造对气味进行识别，其对气味有较高的敏感性和客观性，不因人的习性而改变。电子鼻已经成功检测出了蜂胶、酱牛肉等食品的风味物质的变化。主成分分析法（PCA）是将多个指标转化为较少重要指标的一种统计方法。通过 PCA 分析将多指标的信息进行数据转换和降维，并对降维后的特征向量进行线性分类，最后在 PCA 分析的散点图上显示主要的二维散点图。PCA 对原来重复的多个指标进行删减，整合出具有代表性的新的综合指标，使得各个指标间互不相关，又能反映原来多指标的信息。

样品预处理：将样品置于 13％的盐水中，用均质机均质均匀，吸取

1mL 装入顶空瓶，加盖密封后待测。载气为合成干燥空气，流速为150mL/min；顶空加热时间为 300s，温度 60℃，搅动速度 500r/min，顶空注射体积为 2.5mL，注射速度为 2.0mL/s，注射针总体积为 5.0mL，注射针温度为 70℃，参数获取时间为120s。

如图 6-16 所示，贮藏第 2 天时部分样品存在区域重叠现象，说明第 2 天时样品气味变化不是很明显，第 4 天、第 6 天时，5 组样品气味未出现重叠，样品之间能明显区分。说明不同组别的包装材料对样品的保鲜能力存在差异，因此使各组样品的气味变化出现差异。

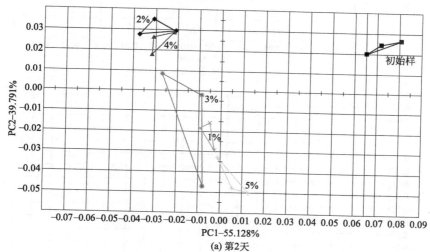

(a) 第2天

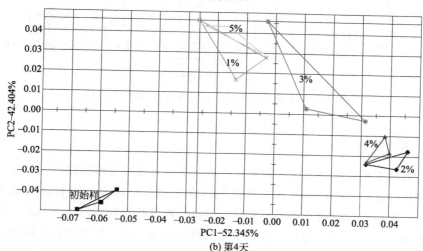

(b) 第4天

图 6-16

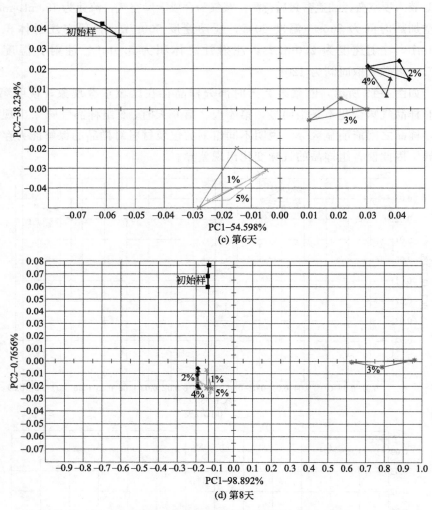

图 6-16　贮藏过程中各组酱卤鸭翅样品的气味变化

八、质构测定

食品质构是通过力学、触觉、视觉、听觉等方法能够感知的食品流变学特性的综合感觉。目前质构在食品物性学中被广泛用来表示食品的组织状态、口感等。食品的质构是与食品的组织结构及状态有关的物理性质。如食品的弹性、凝胶性、胶黏性等。本节只研究酱卤鸭翅在贮藏过程中硬度、黏附性、弹性、咀嚼性的变化。

如图 6-17 所示，五种不同包装的样品的硬度随着贮藏时间的增加呈现降低的趋势。添加 3%苯甲酸钠/改性氟树脂的薄膜包装的样品下降速率最慢，常温贮藏到第 8 天时硬度下降了 160.396g，降低量比添加 4%苯甲酸钠/改性氟树脂的薄膜包装的样品低了 146.598g。硬度下降的原因可能是在贮藏过程中样品的结缔组织遭到微生物的分解，同时样品本身含水量较高，水分的浸泡作用也会导致酱卤鸭翅硬度下降。

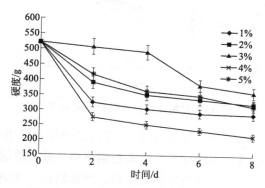

图 6-17　贮藏过程中各组样品硬度变化

如图 6-18 所示，五组样品弹性随贮藏时间的延长而下降，0～2 天时，添加 1%、2%、4%、5%苯甲酸钠/改性氟树脂的薄膜包装的样品弹性下降趋势相近，添加 3%苯甲酸钠/改性氟树脂的薄膜包装的样品的弹性变化最小。食品弹性的变化主要是因为样品肌肉中蛋白水解，组织结构失去紧密性，引起不利于样品贮藏的质构变化。

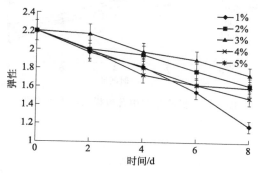

图 6-18　贮藏过程中各组样品弹性变化

食品的黏附性主要关乎食品的口感以及可塑性。由图 6-19 可知，酱卤鸭翅在常温贮藏过程中黏附性随着时间的延长而增大，微生物的生长繁殖破坏蛋白质等营养物质，对细胞结构造成破坏，细胞内液逸出，深入肌肉组织内可能会导致细胞黏附性增大。

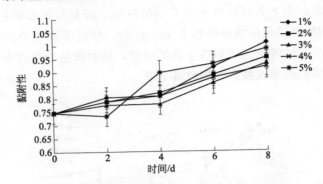

图 6-19　贮藏过程中各组样品黏附性变化

如图 6-20 所示，随着时间的延长，酱卤鸭翅样品咀嚼性均呈现下降的趋势，贮藏过程中微生物的含量较贮藏初期增多，微生物的分解作用及脂质的氧化变质都会影响酱卤鸭翅样品的组织、细胞结构，使细胞结构失去原有的形态，使酱卤鸭翅的咀嚼性下降。其中添加 3% 苯甲酸钠/改性氟树脂的薄膜的包装效果最好，使被包装样品咀嚼性损失最小。

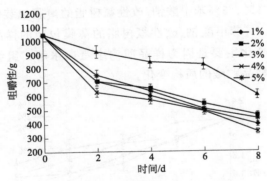

图 6-20　贮藏过程中各组样品咀嚼性变化

第七章 PVDC改性LDPE抑菌防霉薄膜

近年来，人们的生活水平和消费水平不断提高，对食物品质的要求越来越高，相应地也对食品阻隔性包装材料提高食品的货架期提出了更高的要求。除此之外，高阻隔膜材料还兼具保香性与耐高低温等性能。目前在包装领域，各种类型的塑料薄膜得到越来越广泛的应用，其阻隔性能也越来越受到关注。

　　聚偏氯乙烯树脂（PVDC）是一种具备高阻隔性能的热塑性聚合物材料，它的阻隔性比普通包装材料要高出数十倍至数百倍。PVDC，学名聚偏二氯乙烯，软化温度为 160～200℃，分子结构对称，结晶度高。由于PVDC 的高结晶性使分子间具有较强的作用力，并且因 PVDC 分子结构中氯原子的疏水性，使氧分子和水分子难以通过 PVDC 分子中的材料界面，而具有优异的防潮性和耐氧性等性能。另外，其阻隔性不会受到周围环境湿度变化的影响，由于其优异的性能被广泛应用于烟草、食品和医药行业的包装。

　　将不同质量分数的 PVDC（改性剂）添加到聚乙烯中，通过均匀共混、双螺杆挤出造粒、单螺杆挤出吹塑等工艺制备出抑菌高阻隔聚乙烯薄膜，该薄膜将有助于延长食品的货架期及改善储藏品质。

第一节

PVDC 改性 LDPE 抑菌防霉薄膜的制备

一、材料与设备

1. 材料和试剂

尼泊金乙酯（ELN）、脱氢乙酸钠（SDT），食品级，上海市崇明生化制品有限公司。

聚偏氯乙烯（PVDC），食品级，浙江巨化股份有限公司。

低密度聚乙烯（LDPE），中国石化金山石化股份有限公司。

2. 仪器与设备

仪器与设备见表 4-1。

二、抑菌防霉薄膜的制备

将改性剂 PVDC 分别按质量分数 0、1％、2％、3％、4％添加到 LDPE 树脂中（预实验发现改性剂的添加量过大会导致薄膜出现空洞现象），然后添加抑菌剂（ELN、SDT），混合，搅拌均匀，用双螺杆挤出装置挤出造粒，制备阻隔性抑菌防霉 LDPE 母粒，最后将上述烘干的阻隔性抑菌母粒用吹塑机进行熔出吹膜，制备的薄膜分别为 A、B、C、D、E。双螺杆挤出机具有 7 个加热区，其温度设置分别为：1 区 165℃；2～4 区 175℃；5～7 区 160℃，转子转速为 30r/min。单螺杆挤出机有 4 个加热区，分别为：160℃，170℃，170℃，160℃，转子转速 40r/min。表 7-1 列出了薄膜的改性剂配比。

表 7-1　试验设计

膜种类	ELN/％	SDT/％	PVDC/％
A	1	3	0
B	1	3	1
C	1	3	2
D	1	3	3
E	1	3	4

第二节

PVDC 改性 LDPE 抑菌防霉薄膜的性能

一、PVDC 对薄膜力学性能与光学性能的影响

表 7-2 为 PVDC 对薄膜力学性能和光学性能的影响。由表可知，薄膜拉伸强度随着 PVDC 含量的增加呈现先缓慢增大后减小的变化趋势。C 组薄膜与 A 组相比，拉伸强度由 12.08MPa 增大为 14.92MPa，增加了 23.51％；PVDC 的质量分数为 2％时，拉伸强度最优。拉伸强度增大可能是抑菌剂能与 LDPE 很好相容，同时抑菌剂也能与 PVDC 形成稳定的镶嵌

结构，提高了 LDPE 树脂和 PVDC 之间的稳定性，改善了薄膜的力学性能。但是质量分数大于 2% 时，薄膜的拉伸强度下降，可能是改性剂过多，产生了团聚现象。

表 7-2　PVDC 改性剂对薄膜力学性能和光学性能的影响

PVDC/%	拉伸强度/MPa	透光率/%	雾度/%	色差(ΔE*)
1(A)	12.08	68.2	2.17	1.156±0.175
1(B)	12.93	66.3	2.52	1.235±0.273
2(C)	14.92	55.4	2.81	1.264±0.195
3(D)	11.90	49.3	5.80	1.428±0.162
4(E)	10.32	35.7	7.33	1.612±0.148

由表 7-2 也可以看出 PVDC 对光学性能与薄膜颜色的影响。加入 PVDC 后，薄膜透光率不断降低，最小值为 35.7%，与 A 组相比，降低了 32.5%，而雾度变化较为平缓。由于 PVDC 能与 PE 树脂分子很好相容，适量比例 PVDC 能与改性薄膜中的抑菌剂相互作用，使薄膜的分子结构稳定性增加，但是 PVDC 的添加量大于 3% 时，改性剂的晶体分布在薄膜基材结构中，导致薄膜的雾度上升，透光率下降。由 ΔE^* 值可知，与对照组相比，改性剂加入到 LDPE 树脂中后，使光在聚合物基体中的散射发生改变，也可能导致复合薄膜透明度降低而使 ΔE^* 值增加。

二、PVDC 对薄膜水蒸气透过系数的影响

包装材料的透湿性至关重要，它影响着被包装食品的货架期。透湿性可以用水蒸气透过系数衡量，图 7-1 为 PVDC 改性剂对薄膜水蒸气透过系数的影响。

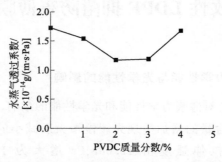

图 7-1　PVDC 对薄膜水蒸气透过系数的影响

由图 7-1 可知，添加 PVDC 后，薄膜水蒸气透过系数呈现出先减小后增大的变化趋势。当薄膜中 PVDC 含量在 2%～3% 之间时，水蒸气透过系数变化不明显，PVDC 质量分数为 2% 的薄膜与对照组 A 相比水蒸气透过系数降低了 23.47%。结果表明：PVDC 与 PE 树脂分子之间形成稳定的分散，使水蒸气通过树脂晶体间的分子路径增长，导致水蒸气透过系数降低；由于 PVDC 中的氯原子具有疏水作用，导致水蒸气透过薄膜介质较难，降低了薄膜的水蒸气透过系数，但是 PVDC 的添加量过高会使其在分子间填充分布混乱，分子间间隙增大，从而增加了薄膜的水蒸气透过系数。

三、PVDC 对薄膜氧气透过量的影响

图 7-2 为不同比例 PVDC 对薄膜氧气透过量的影响。由图 7-2 可知，PVDC 的质量分数小于 2% 时，薄膜的氧气透过量变化不明显；质量分数为 3% 时，薄膜的氧气透过量明显降低，与对照组相比薄膜氧气透过量降低了 29.64%，可能 PVDC 的增多使分子间微孔填充空隙减少，微孔的半径减小导致空气分子流动受阻，从而使薄膜透气性降低，而继续增大 PVDC 的质量分数可能会破坏晶体间稳定性，导致聚合物团聚而使薄膜的透气性增大。

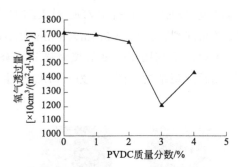

图 7-2　PVDC 对薄膜氧气透过量的影响

四、PVDC 改性 LDPE 抑菌防霉薄膜的红外光谱分析

图 7-3 为 PVDC 改性 LDPE 抑菌防霉薄膜的红外光谱。测定时波长范围设定为 $400～4000cm^{-1}$，扫描次数为 32 次，测试前，将薄膜裁成 $1cm×1cm$ 大小，每个样品选取 3 个测试点。

由图 7-3 可知，不同的吸收峰代表不同结构的官能团，在 $2920cm^{-1}$、$285cm^{-1}$ 和 $1465cm^{-1}$ 处的吸收峰分别是对应的—CH—的反对称伸缩振动

峰、对称伸缩振动和弯曲振动峰。其他组别薄膜与 A 组别薄膜相比，波峰变化几乎相同，说明改性剂对聚乙烯树脂分子并没有产生影响。此外，在 $730cm^{-1}$ 有一个较宽的吸收峰，主要是结晶区和无定形区的特征吸收峰。这表明 PVDC 与 LDPE 基材之间无明显化学反应，能够较好地融合。

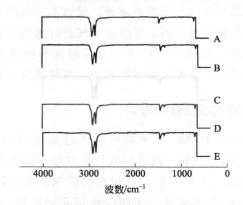

图 7-3 PVDC 改性 LDPE 抑菌防霉薄膜的红外光谱

五、PVDC 改性 LDPE 抑菌防霉薄膜的 SEM 分析

利用扫描电子显微镜（SEM）分析 PVDC 对 LDPE 薄膜微观结构的影响。先用液氮将薄膜样品冻裂，并剪成 5mm×3mm 大小，粘在覆有导电胶的样品台上，在 20mA 电流下利用离子溅射仪对样品喷金处理 30s，然后用扫描电镜观察薄膜横截面微观结构。图 7-4 为 PVDC 改性 LDPE 抑菌防霉薄膜的电镜图。

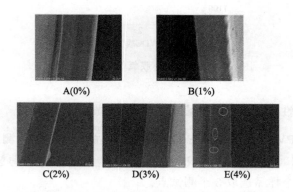

图 7-4 PVDC 改性 LDPE 抑菌防霉薄膜电镜图

由图7-4可知，阻隔性PVDC改性剂的加入，对复合薄膜微观结构具有一定影响。添加量为1%时，薄膜的微观结构变化不明显；当PVDC含量大于2%时，薄膜的致密性有了明显的改善，致密性更强且更光滑，C组别薄膜致密性最好，但是添加量为4%的阻隔抑菌性薄膜出现空洞现象。说明添加量过大将导致薄膜微观结构分子发生混乱，微观结构致密性受到影响，阻隔性降低也导致了水蒸气透过性与氧气透过性增大。

第三节

PVDC改性LDPE抑菌防霉薄膜 对鲜豆浆的保鲜效果

由于豆浆含有丰富的营养成分，而得名"植物牛奶"。豆浆含有人体所必需的氨基酸，属于完全蛋白质而极易被人体吸收。当加工、销售等环节处理不当时，极易引起腐败变质，其中微生物革兰氏阳性菌、真菌等严重影响豆浆的腐败变质。因此，研究功能性包装薄膜来保证豆浆的安全性与货架期至关重要。

一、豆浆保鲜预处理与包装工艺

（1）鲜豆浆前处理

豆浆装袋保鲜之前，需进行前处理以延长豆浆的货架期，豆浆处理方式有水浴、微波和高压。实验确定，用相同薄膜包装的豆浆，预处理条件为85℃，15min时保鲜效果最好。

（2）鲜豆浆包装工艺流程

市购鲜豆浆→裁剪薄膜样品→紫外杀菌→豆浆定量装袋→密封→常温贮藏→豆浆性能测试。

具体操作要点如下。

① 裁剪薄膜样品：将制成的抑菌防霉薄膜以市场包装袋的标准裁剪，裁剪规格为150mm×150mm，并利用实验室的环带式自动封口包装机将薄膜样品三边封口，留一边装袋，并在无菌超净台下对薄膜进行紫外杀菌处

理，待包装处理鲜豆浆。

② 紫外线杀菌：将热封薄膜、天平、小型热风机、烧杯、剪刀等在超净台下紫外杀菌 30min。

③ 豆浆定量装袋：先将预处理市场豆浆原袋用酒精擦拭杀菌后在超净台下用剪刀开口装袋，装袋过程中每袋豆浆质量为 200g，包装薄膜分别是纯 PE 与四种同阻隔抑菌性薄膜（命名为 A、B、C、D、E、F），每种包装袋需做 15 组平行实验，薄膜分类见表 7-3。

表 7-3　薄膜的类别

膜种类	ELN/%	SDT/%	PVDC/%
A	0	0	0
B	1	3	0
C	1	3	1
D	1	3	2
E	1	3	3
F	1	3	4

④ 豆浆性能测试：将在超净台下热风机密封的豆浆包装袋放在常温下储存；隔相同时间（3d、6d、9d 等）对豆浆感官、pH 值、可溶性固形物、脂肪和微生物等指标进行测定，以此来评价薄膜的保鲜效果。

二、抑菌防霉薄膜对鲜豆浆的保鲜效果

（1）阻隔抑菌性薄膜所包装鲜豆浆的感官评定

请 10 名食品专业的感官评定员组成感官评价小组，分别对不同薄膜样品包装的豆浆进行感官评定，评分采用 10 分制。表 7-4 为豆浆感官评分标准。

表 7-4　豆浆感官评分标准

项目 ＼ 评分/分	9～10	6～8	3～5	0～2
色泽	乳白色并呈淡黄色	呈淡黄色	暗黄色	明显暗黄色
滋味与气味	口感滑润，豆香味浓郁，无异味	口感较好，豆香味稍淡，无异味	口感稍差，豆香味较少，有少量氨味	口感差，无豆香味，氨味较浓
组织状态	组织非常均匀，无凝块	组织均匀	絮状物出现，有一定的分层现象	完全分层，上层为透明液体

图 7-5 为不同包装薄膜对鲜豆浆感官评定的影响。贮藏 0～6d 时，纯 PE 薄膜包装的鲜豆浆感官评分变化较大，而 B、C、D、E、F 组薄膜包装鲜豆浆的感官评分没有发生明显变化，仍然保持原来豆浆的清香、色泽与组织均匀，这些现象说明制备的阻隔抑菌性薄膜样品具有一定的抑菌性能，可抑制微生物的生长与繁殖。

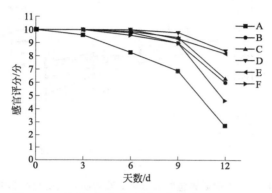

图 7-5　不同包装薄膜对鲜豆浆感官评定的影响

（2）阻隔抑菌性薄膜所包装鲜豆浆 pH 值的变化

将包装完整的鲜豆浆贮藏一段时间后拆开，取 50mL 鲜豆浆倒入干燥洁净的小烧杯中，用 pH 计测定其 pH 值的变化。表 7-5 为不同薄膜包装袋对鲜豆浆 pH 值变化的影响。

表 7-5　不同薄膜包装袋对鲜豆浆 pH 值变化的影响

天数/d	不同组别豆浆的 pH 值					
	A	B	C	D	E	F
0	6.93	6.93	6.93	6.93	6.93	6.93
3	6.89	6.90	6.90	6.91	6.91	6.92
6	6.78	6.85	6.85	6.88	6.84	6.83
9	6.82	6.88	6.88	6.71	6.76	6.87
12	5.99	6.72	6.72	6.77	6.79	6.52

由表 7-5 可以看出，在 3d 之内，豆浆的 pH 值变化微小，纯 LDPE 薄膜仅降低 0.04；第 3 天以后，随着贮藏天数的增加 pH 值总体有下降的趋势，纯 LDPE 薄膜所包装豆浆的 pH 值变化最快，B、D、E 组变化较慢；第 12 天时，D、E 组包装豆浆的 pH 值分别降到 6.77 和 6.79，说明制备的薄膜样品对新鲜豆浆具有一定的保鲜效果。

（3）阻隔抑菌性薄膜所包装鲜豆浆中脂肪的变化情况

参照 GB 5009.6—2016《食品安全国家标准　食品中脂肪的测定》的方法测定鲜豆浆中脂肪的变化。图 7-6 为不同薄膜包装袋对鲜豆浆脂肪含量变化的影响。

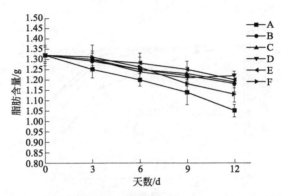

图 7-6　不同薄膜包装袋对鲜豆浆脂肪含量变化的影响

从图 7-6 中可以看出，豆浆的脂肪含量变化与包装薄膜种类具有一定关系，A、F 组薄膜所包装豆浆中脂肪变化较大，在第 12 天时，A、F 两组包装的 100g 豆浆中脂肪分别降低了 0.27g 与 0.19g，C、D、E 组薄膜所包装豆浆的脂肪变化量较小，A、F 两组包装薄膜的指标变化情况和 pH 值变化趋势具有相似性。这些变化结果说明材料的阻隔性对新鲜豆浆保鲜具有一定影响，由于 A 组与 F 组包装材料的透气性与透湿性较高，空气中的气体成分导致豆浆中脂肪氧化，从而使脂肪含量下降较快。

（4）阻隔抑菌性薄膜所包装鲜豆浆中可溶性固形物的变化

使用手持式折光仪测定不同阻隔抑菌性薄膜包装鲜豆浆可溶性固形物的含量。图 7-7 为不同包装薄膜对鲜豆浆可溶性固形物含量的影响。

由图 7-7 可知，在 0～3d 贮藏期内，各种薄膜包装的豆浆与原始豆浆的可溶性固形物相比没有明显的变化。第 3 天以后，A 组降低的量最大，B、F 组变化次之，而 D、E 组薄膜包装的鲜豆浆的可溶性固形物含量都偏小，说明纯 LDPE 薄膜对豆浆不能达到良好的保鲜效果，而抑菌性薄膜可以抑制微生物生长，减少豆浆中蛋白质、糖分等的分解，使豆浆中可溶性固形物含量下降较慢。第 12 天时，D 组与 E 组新鲜豆浆的可溶性固形物含量均高，D 组的可溶性固形物含量仍有 5.65%，而 A 组包装豆浆中可溶性固形物含量已下降到 4.8%。说明薄膜中添加的阻隔性 PVDC 树脂也能够提高改性抑菌薄膜的阻隔性能。

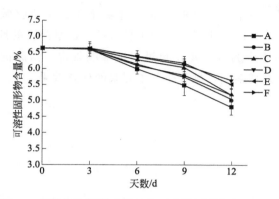

图 7-7　不同包装薄膜对鲜豆浆可溶性固形物含量的影响

（5）不同类型薄膜所包装鲜豆浆的微生物数量的变化

按照 GB/T 4789.2—2016《食品安全国家标准　食品微生物学检验菌落总数测定》规定的方法对不同类型薄膜所包装鲜豆浆进行菌落总数测定。图 7-8 为不同类型薄膜对包装鲜豆浆中菌落总数的影响。

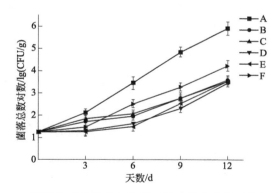

图 7-8　不同类型薄膜对包装鲜豆浆中菌落总数对数的影响

由图 7-8 可知，在常温下，不同类型薄膜所包装豆浆的菌落总数随着时间的延长，呈现不断增长的趋势。纯 LDPE 薄膜所包装的新鲜豆浆贮藏 3 天后微生物的数量迅速增长，豆浆变质主要由于其具有丰富的营养物质，有利于微生物迅速生长繁殖。阻隔抑菌性薄膜中的抑菌成分对微生物有一定的抑制效果，B、F 包装豆浆中的微生物在第 9 天分别达到 800CFU/g、1400CFU/g，已超过 QB/T2132—2008《植物蛋白饮料豆奶（豆浆）和豆奶饮料标准》中的规定，在贮藏过程中，微生物的数量安全标准为 750CFU/

g。F组豆浆中的微生物与B组相对照，鲜豆浆的微生物在第3天以后增长速度加快，主要是由于改性剂的添加量过多导致F组薄膜微观结构组织的致密性有所降低，从而加快了微生物生长繁殖。D组薄膜的抑菌性与阻隔性最佳，10天后豆浆中的微生物才超过了标准的规定。薄膜的抑菌性与阻隔性共同延长了豆浆货架期，显著改善了豆浆的保鲜效果。

第八章 | 山梨酸钾/改性SD树脂/丙
酸钙改性LDPE抑菌薄膜

低密度聚乙烯（LDPE）是广泛的包装材料之一，其透明性高、易加工成型，且成本低，在当前市场上使用量巨大，但是 LDPE 薄膜容易应力开裂，且耐老化性和耐热性能较差，力学性能及表面性能有待提高。山梨酸钾是一种安全，相对无毒的食品添加剂，对霉菌、好氧菌以及酵母菌的抑制效果较好，可作为食品、药品、饲料等领域的防腐剂。丙酸钙（CP）是联合国粮农组织（FAO）及世界卫生组织（WHO）批准使用的食品级保鲜剂，在人畜体内能被代谢吸收，使用范围广泛，利用丙酸钙制备出的抑菌防霉薄膜有着广泛的应用。改性 SD 树脂为实验室自制，是由不同种类的抗菌剂通过一定比例混合而制得的，熔点为 185℃，与 LDPE 有较好的相容性，能有效提高 LDPE 的稳定性并且能延缓食品的腐败变质。

将山梨酸钾、丙酸钙、改性 SD 树脂等改性剂与低密度聚乙烯进行共混，然后挤出造粒，最后用吹膜的方式制备出改性抑菌薄膜，通过对薄膜性能的研究分析，筛选出能提高薄膜性能的改性剂。

第一节

材料与设备

一、材料与试剂

低密度聚乙烯（LDPE）：LD103，中国石油天然气股份有限公司。
山梨酸钾：食品级，宁波王龙科技股份有限公司。
改性 SD 树脂：实验室自制。
丙酸钙：食品级，姜堰市荣昌食品添加剂有限公司。

二、仪器与设备

仪器与设备见表 4-1。

第二节

山梨酸钾/改性SD树脂/丙酸钙改性 LDPE 抑菌薄膜的制备

首先将山梨酸钾、改性 SD 树脂、丙酸钙等改性剂与 LDPE 按照表 8-1 的配方进行配比，通过双螺杆挤出机共混挤出造粒，制备出改性聚乙烯粒子，为了使各种抑菌剂混合均匀，采取多次造粒的方法（即先取一种添加剂与 LDPE 按照一定比例进行造粒，然后将下一种添加剂与所造粒子进行二次造粒，以此类推，最终使各成分质量分数符合表 8-1 要求），造粒时双螺杆挤出机的各个加热区温度分别设为 170℃、175℃、180℃、185℃、170℃、175℃、170℃，造粒时双螺杆的转速设为 40r/min；最后把聚乙烯改性粒子按照 10% 的比例添加到 LDPE 中，混合均匀后通过单螺杆挤出机连接吹膜机得到 A、B、C、D 四种改性抑菌薄膜；分别将单螺杆挤出机和吹膜机的四个区温度设为：160℃、170℃、175℃、170℃，将转速设为 50r/min。

表 8-1　试验设计

编号	山梨酸钾/%	改性 SD 树脂/%	丙酸钙/%	LDPE/%
A	10	10	0	80
B	10	0	10	80
C	0	10	10	80
D	7	7	6	80

第三节

山梨酸钾/改性SD树脂/丙酸钙改性 LDPE 抑菌薄膜的性能

一、抑菌薄膜的力学性能

薄膜的拉伸强度是薄膜质量的直接体现，良好的拉伸强度会对包装的食品产生更好的保护作用。表 8-2 为改性薄膜的力学性能测试结果。

表 8-2　改性薄膜的力学性能

样品	厚度/mm	拉伸强度/MPa		断裂伸长率/%	
		横向	纵向	横向	纵向
纯 LDPE 薄膜	0.0625	10.27	14.99	167.98	326.60
A	0.0651	12.33	16.52	22.67	397.48
B	0.0523	8.32	9.77	22.43	148.90
C	0.0558	9.95	13.39	33.05	306.03
D	0.0571	7.56	13.95	14.33	255.66

由表 8-3 可知，与纯 LDPE 薄膜相比，改性剂的加入使得薄膜呈现不同厚度，改性薄膜的拉伸强度以及断裂伸长率有所下降，但是 A 薄膜出现例外，拉伸强度与断裂伸长率均大于 LDPE 薄膜。与其他薄膜相比，A 薄膜相对较厚，这可能是出现这种差异的主要原因，而有丙酸钙加入的 B、C、D 薄膜其拉伸强度均略低于纯 LDPE 薄膜，其中 B 膜的拉伸强度较低，说明丙酸钙并不能与山梨酸钾完美地相容，从而降低了改性薄膜分子间的作用力，从而对薄膜的拉伸强度和断裂伸长率产生影响，而 C 膜的拉伸强度无论是横向或是纵向都略高于 B、D 膜，这也从侧面反映了改性 SD 树脂和丙酸钙能与 LDPE 较好地相容，使得薄膜内部的结晶度增大，增强了分子间作用力，从而使薄膜具有较强的力学性能。

二、抑菌薄膜的光学性能

薄膜的光学性能可以通过透光率和雾度来反映。表 8-3 为改性薄膜的光学性能。

表 8-3　改性薄膜的光学性能

样品	透光率/%	雾度/%
纯 LDPE 薄膜	79.6	3.43
A	56.0	35.46
B	53.4	32.70
C	64.4	24.91
D	47.5	27.02

由表 8-3 可以看出，改性剂的加入对薄膜的光学性能产生较大的影响。

与纯 LDPE 薄膜相比，改性剂的加入使改性抑菌薄膜的透光率下降，这可能是由于改性剂均为有色粉末，分散到薄膜中会使 LDPE 的支链聚合方式发生改变，也可能是改性剂的团聚现象造成薄膜的透明度下降，影响了光线的透过，从而使雾度升高；同时也能看到 B、C、D 薄膜的透光率比 A 膜高，而雾度相对较低，这可能是由于丙酸钙的加入能有效减少薄膜中的雾珠，从而提高其透光率，而 Srinivasa 等的研究表明，薄膜厚度的改变会带来颜色的改变，这说明薄膜厚度的不均一也是造成薄膜透光率和雾度发生变化的原因。总体来看，D 膜的透光率较高。

三、抑菌薄膜的阻隔性能

良好的阻隔性可有效阻止外界氧气和微生物的进入，因此包装薄膜的水蒸气透过系数和氧气透过量是具有重要意义的研究指标。表 8-4 为改性薄膜的水蒸气透过系数和氧气透过量。

表 8-4　改性薄膜的水蒸气透过系数和氧气透过量

样品	水蒸气透过系数 /[10^{-13}g/(m·s·Pa)]	氧气透过量 /[cm³/(m²·24h·0.1MPa)]
LDPE	1.625	2654.5334
A	1.254	2611.1881
B	1.317	2457.3684
C	0.932	2432.9614
D	1.232	2342.6808

由表 8-4 可以看出，薄膜的水蒸气透过系数和氧气透过量会因为改性剂的加入而略有降低，这说明薄膜改性剂能够渗透至薄膜的非结晶区，使得薄膜结构的致密度得到增加，从而减少了水蒸气和氧气的透过量；但薄膜 B 的水蒸气透过系数和氧气透过量均接近 LDPE 膜，也从侧面证明了山梨酸钾与丙酸钙不能完美融合，从 C 膜的水蒸气透过系数和氧气透过量可以分析丙酸钙和改性 SD 树脂相结合对薄膜致密性的影响效果高于其他改性剂，D 膜的氧气透过量稍低，可能是由于在吹膜过程中薄膜的厚度不均，从而影响到氧气透过量。

四、抑菌薄膜的微观结构

薄膜横切面的电镜图片能直接反映薄膜的内部结构，可以看出基材与改性剂之间的结合程度。图 8-1 为纯 LDPE 薄膜和抑菌防霉薄膜微观结构图。

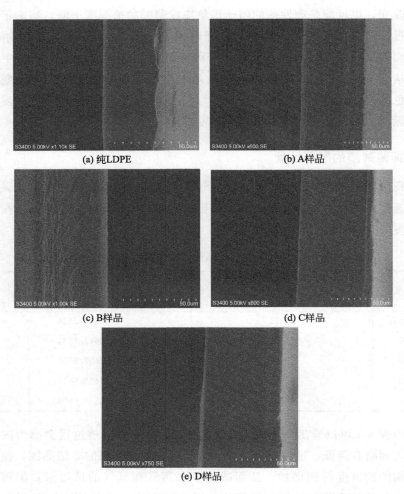

(a) 纯LDPE

(b) A样品

(c) B样品

(d) C样品

(e) D样品

图 8-1　纯 LDPE 薄膜与抑菌防霉薄膜的微观结构图

如图 8-1 所示，这几种改性薄膜都相对较为平整，没有较大的气孔以及颗粒出现，表明了改性剂的加入对薄膜的基材结构不会产生破坏作用，但是，B 薄膜的结构相对粗糙，同时 D 膜也有部分孔洞，说明山梨酸钾和丙酸钙同时加入会对薄膜组织结构的均匀度产生一定影响，相容性相对较差。

五、抑菌薄膜的热重分析

薄膜的热稳定性是衡量薄膜性能的重要指标，加入改性剂的 LDPE 抑菌薄膜的热稳定性可通过热重分析来进行表征。图 8-2 为改性 LDPE 薄膜的热重分析曲线。

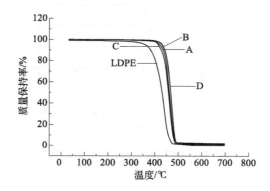

图 8-2　改性 LDPE 薄膜的热重分析曲线

由图 8-2 可以看出，改性薄膜在 0～700℃的热分解趋势。薄膜整个分解过程有三个阶段：在 0～380℃，薄膜质量仅有微小的下降，尚未发生分解，说明在这个温度范围内薄膜的结晶结构不易被破坏；在 380～500℃，LDPE 薄膜质量迅速下降，说明薄膜开始分解，且改性薄膜的热分解温度随着添加剂的加入得到了提高，纯 LDPE 薄膜在 380.25℃开始分解，改性薄膜则在 417℃以后才开始分解；在 490～700℃，薄膜质量基本不变，说明分解完毕。薄膜的热分解曲线说明，改性抑菌薄膜在 417℃以下基本不会发生分解，质量较为稳定，因此可以认为改性剂的添加使薄膜在 417℃之前能够正常使用。

六、抑菌薄膜的红外光谱分析

使用 NIR Flex N500 型傅里叶变换近红外光谱仪测试薄膜的红外光谱，图 8-3 为改性薄膜的红外光谱曲线。

由图 8-3 的红外光谱分析可知，几种改性薄膜的红外光谱曲线分别在 $2910cm^{-1}$、$2846cm^{-1}$ 和 $1457cm^{-1}$ 处产生吸收峰，分别对应的是—CH—的反对称伸缩振动峰、对称伸缩振动峰和弯曲振动峰，此外，在 $721cm^{-1}$ 处有一个较宽的吸收峰，主要是结晶区和无定形区的特征吸收峰。改性抑菌薄膜与纯 LDPE 薄膜相比，波峰变化几乎相同，说明改性剂对低密度聚乙烯树脂分子并没有产生影响。这表明改性剂与 LDPE 之间不会发生明显的化学反应，改性剂与 LDPE 树脂有较好的相容性。

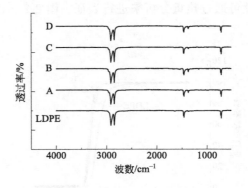

图 8-3　改性薄膜的红外光谱曲线

七、改性薄膜的抑菌效果

采用抑菌圈法测定薄膜的抑菌性能：首先制备无菌凝固营养琼脂培养基，然后在无菌条件下分别用 0.5mL 浓度为 10^5 CFU/mL 的大肠杆菌和金黄色葡萄球菌菌液进行涂布，等待菌液扩散后，将紫外灭菌 2h 的待测无菌膜放置于培养基中心，最后在 37℃ 的恒温培养箱中倒置培养 24h 后测量其抑菌圈直径。以纯 LDPE 为对照，每种样品做五个平行实验，结果取平均值。表 8-5 为不同组别薄膜的抑菌情况。

表 8-5　不同组别薄膜的抑菌情况

组别	大肠杆菌		金黄色葡萄球菌	
	抑菌圈直径/mm	膜表面菌体生长情况	抑菌圈直径/mm	膜表面菌体生长情况
纯 LDPE	0	不可数	0	不可数
A	5.5±0.1	无菌	3.6±0.3	无菌
B	4.8±0.5	无菌	3.5±0.2	无菌
C	4.9±0.2	无菌	3.8±0.4	无菌
D	4.7±0.2	无菌	3.6±0.4	无菌

由表 8-5 可知，纯 LDPE 对大肠杆菌和金黄色葡萄球菌没有抑制作用，

而加入改性剂后的改性薄膜就出现了抑菌性。几种改性薄膜对大肠杆菌的抑菌圈直径比对金黄色葡萄球菌的抑菌圈直径要大，这可能是由于大肠杆菌为革兰氏阴性细菌。总体来说，几种改性薄膜对大肠杆菌和金黄色葡萄球菌的抑制效果相差不大，总体 D 膜的效果略强于另外几种薄膜。

第四节

山梨酸钾/改性 SD 树脂/丙酸钙改性 LDPE 抑菌薄膜与保鲜液对鲜切荸荠的保鲜效果

将复合保鲜液和山梨酸钾/改性 SD 树脂/丙酸钙改性 LDPE 抑菌薄膜结合用于鲜切荸荠的保鲜处理，在常温环境中探究鲜切荸荠硬度、失水率、总色差、感官评分、多酚氧化酶活性以及微生物等指标的变化，用于评价复合保鲜液和改性抑菌薄膜对鲜切荸荠的保鲜效果。

复合保鲜液：按照食盐：白糖：白醋：蒸馏水为 80：3：100：1000 的质量比配制。将新鲜荸荠去皮后采用三种方式处理。A：用保鲜液浸泡 15min，沥干后装入山梨酸钾/改性 SD 树脂/丙酸钙改性 LDPE 抑菌薄膜中进行包装封口；B：将去皮后的鲜切荸荠用蒸馏水清洗沥干后直接装入山梨酸钾/改性 SD 树脂/丙酸钙改性 LDPE 抑菌薄膜中封口；CK：将新鲜的鲜切荸荠用蒸馏水清洗后直接用纯 LDPE 包装袋封口作为对照组，置于常温环境中贮藏并观察，测试贮藏 16d 的相关指标参数。

一、鲜切荸荠在贮藏期的失重率变化

贮藏期间每隔 1d 对鲜切荸荠进行称重，并记录其质量变化情况。失重率按下式计算：

$$W = \frac{m - m_i}{m} \times 100\%$$

式中：W 为失重率，%；m 为包装前荸荠的质量，g；m_i 为存放第 i 天荸荠的质量，g。

图 8-4 为鲜切荸荠在贮藏过程中失重率变化。

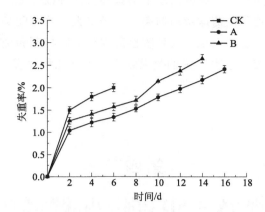

图 8-4　鲜切荸荠在贮藏过程中的失重率变化

由图 8-4 可以看出，采用纯 LDPE 薄膜、改性抑菌保鲜薄膜以及保鲜液＋改性薄膜包装的鲜切荸荠的失重率都不断上升，但是可以明显看出在前6 天中，纯 LDPE 膜组的失重率始终高于另外两组。对比改性保鲜薄膜以及保鲜液＋改性薄膜处理包装的鲜切荸荠的失重率，发现保鲜液＋改性薄膜处理的鲜切荸荠总体失重率会稍低于直接用改性薄膜处理的，这说明改性抑菌保鲜薄膜在一定程度上能有效减缓鲜切荸荠的失重。第一种可能是改性薄膜的阻隔性增强，阻止了外界空气的进入并释放抑菌保鲜物质，从而抑制鲜切荸荠本身的生化反应；第二种可能是改性薄膜的抑菌物质通过对内部微生物的作用以及对外部微生物的阻隔作用，使得包装内部微生物的生长繁殖被抑制，从而延缓微生物对鲜切荸荠的破坏和营养消耗，鲜切荸荠品质劣变速度减慢，说明复合保鲜液对鲜切荸荠的保鲜作用能与改性薄膜相协同，共同延缓了鲜切荸荠的劣变。

二、鲜切荸荠的硬度

图 8-5 为鲜切荸荠在贮藏过程中的硬度变化。

由图 8-5 可以看出，采用复合保鲜液处理＋改性抑菌保鲜薄膜处理的鲜切荸荠的硬度一直较其他两组高。第 6 天时，A 处理组硬度为初始硬度的92.8%，而对照组仅为初始硬度的 59.5%，之后对照组已经发生腐烂，说明复合保鲜液的浸泡处理可有效延缓硬度的下降，可能是食盐和白醋具有一定的杀菌作用，减少了微生物对鲜切荸荠结构的破坏，也可能是白醋可以

抑制荸荠中果胶酶的活性，减缓了细胞壁的降解，从而维持鲜切荸荠的硬度。

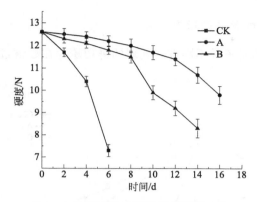

图 8-5　贮藏过程中鲜切荸荠硬度变化

三、鲜切荸荠总色差变化

图 8-6 为贮藏过程中鲜切荸荠总色差的变化。

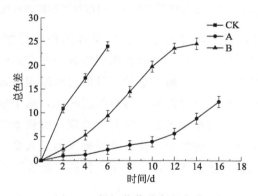

图 8-6　鲜切荸荠总色差变化

由图 8-6 可知，在鲜切荸荠贮藏过程中其总色差是在不断增长的，其中，利用复合处理液以及抑菌保鲜薄膜协同处理的鲜切荸荠的总色差变化一直最低，相比单一使用薄膜处理，总色差的变化也略低，这证明两种处理的协同作用效果更好。这是由于保鲜液发挥其护色作用，盐、糖、醋能有效降低荸荠表面的 pH 值或者其本身就可螯合 PPO 酶活性中心的金属离子来抑制酶活性，延缓酶促褐变的发生，而改性抑菌薄膜的护色效果则相对较差，褐变较为明显，但总体比对照组要好，这可能是薄膜中的抑菌保鲜成分钝化了褐变反应中酶的活性，也能阻隔氧气和外界微生物的进入，起到了延缓鲜切荸荠发生一系列生化反应的效果。

四、鲜切荸荠的可溶性固形物变化

图 8-7 表示的是三种不同方式处理的鲜切荸荠在贮藏过程中可溶性固形物含量的变化。

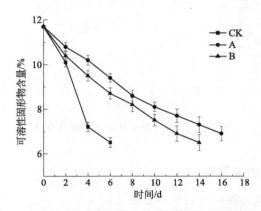

图 8-7　贮藏过程中鲜切荸荠的可溶性固形物含量变化

从图 8-7 中可以看出，对照组的鲜切荸荠的初始可溶性固形物含量为 11.6%，随着贮藏时间的延长，可溶性固形物含量都在逐渐减少并且呈先快后慢的趋势。这是由于在一开始，荸荠自身的组织细胞通过消耗自身的营养物质来为细胞的呼吸作用提供能量，与对照组相比，两个处理组的可溶性固形物含量均较高，这可能是经过复合保鲜液处理，鲜切荸荠的细胞呼吸强度受到抑制，以及抑菌薄膜的使用，使得外界氧气的进入受到一定抑制，因此对表面微生物的生长繁殖也产生抑制作用，使得可溶性固形物的含量保持在一个较高的水平。

五、鲜切荸荠在贮藏过程中的感官评分

鲜切荸荠在贮藏过程中感官评分变化见图 8-8。由图可知，三种方式处理鲜切荸荠在贮藏期内感官评分都呈下降趋势，但是明显可以看出对照组与处理组差异明显，对照组在第 6 天就发生了腐败现象，而对于两种处理组，第 10 天左右才会出现轻微的胀袋现象，荸荠表面会出现一些水分，而且保鲜液＋改性薄膜处理组总体的感官评分也始终高于单一使用改性薄膜处理组，结合处理的方式（即保鲜液＋改性薄膜）在第 16 天左右颜色变化才较

为明显，且会出现一些发酵的气味，相比之下，单一使用抑菌薄膜处理则会在第 12 天左右发生胀袋，并伴随着不良气味的产生，主要原因在于两种处理方式能够有效抑制鲜切荸荠的变质程度，保鲜液起到护色杀菌的作用，而改性薄膜则可以起到阻隔空气与微生物的作用，抑制包装袋内微生物的生长繁殖。

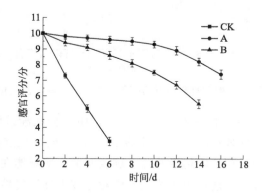

图 8-8　贮藏过程中鲜切荸荠的感官评分

六、鲜切荸荠的多酚氧化酶活性测试

首先记录并计算鲜切荸荠的反应体系在 420nm 处每分钟的吸光度变化值 ΔOD_{420}，单位是 $\Delta OD_{420}/min \cdot g$。

$$\Delta OD_{420} = \frac{OD_{420F} - OD_{420I}}{t_F - t_I}$$

式中，ΔOD_{420} 为每分钟反应混合液吸光度变化值；ΔOD_{420F} 为反应混合液吸光度终止值；ΔOD_{420I} 为反应混合液吸光度初始值；t_F 为反应终止时间，min；t_I 为反应初始时间，min。

多酚氧化酶活性按照下式计算：

$$U = \frac{\Delta OD_{420} \times V}{V_s \times m}$$

式中，U 为多酚氧化酶活性单位，$\Delta OD_{420}/(min \cdot g)$；$V$ 为样品提取液总体积，mL；V_s 为测定时所取样品提取液体积，mL；m 为样品质量，g。

图 8-9 为三种方式处理的鲜切荸荠在贮藏期中多酚氧化酶（PPO）活性的变化。

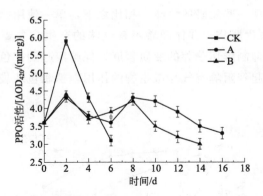

图 8-9　贮藏过程中鲜切荸荠的多酚氧化酶活性变化

　　由图可知，PPO 活性一开始增加迅速，而后会逐渐减慢，但是经复合保鲜液和抑菌薄膜处理过的鲜切荸荠的 PPO 活性明显比空白组低，且也比单一使用抑菌薄膜处理的鲜切荸荠低，这说明抑菌薄膜能在一定程度上降低氧化酶活性，一方面可能是由于改性薄膜对包装内环境的控制，另一方面可能是由于改性薄膜中释放的抑菌保鲜成分对酶活性产生影响，但其效果却低于保鲜液的处理，这说明了复合保鲜液以及抑菌薄膜能够较好地发挥协同作用，从而抑制鲜切荸荠中 PPO 的活性，延缓荸荠的腐败变质，达到延长其贮藏期的目的，单一使用抑菌薄膜或者保鲜液处理则不能达到如此效果。

七、鲜切荸荠的微生物测试

　　表 8-6 所示为鲜切荸荠在贮藏过程中菌落总数的变化。其中，"A"表示改性抑菌防霉薄膜包装的经保鲜液处理过的鲜切荸荠的菌落参数；"B"表示改性抑菌薄膜包装的鲜切荸荠的菌落参数；"C"表示纯 LDPE 薄膜包装的鲜切荸荠的菌落参数。

表 8-6　贮藏过程中鲜切荸荠的菌落变化

微生物指标	组别	时间/d						
		2	4	6	8	10	12	14
菌落总数 /(CFU/g)	C	462	1.3×10^4	不可计数	不可计数	—	—	—
	B	28	196	425	1.7×10^3	6.4×10^3	2.3×10^5	不可计数
	A	13	95	278	792	4.4×10^3	6.2×10^4	9.3×10^5

　　由表 8-6 可知，鲜切荸荠在贮藏期的菌落总数是在逐渐增加的，从表中可以看到纯 LDPE 薄膜的菌落总数在第 6 天就已经不能再计数了，说明对于

未处理的鲜切荸荠，其微生物繁殖较快，而对于处理组 A 和 B，则会明显发现其菌落总数增长较为缓慢。单一使用抑菌薄膜的鲜切荸荠在第 12 天时微生物已经处于较高的水平，之后变不可数，说明此时品质已经较为不佳，但是对于 A 组，第 16 天才会不可数，这说明复合保鲜液与山梨酸钾/改性SD 树脂/丙酸钙改抑菌薄膜的协同抑菌防霉作用效果极佳。

第九章 CA-CP改性LDPE抑菌薄膜

丙酸钙（CP），易溶于水，是一种新型食品添加剂，可被人体吸收并提供一定的钙，是世界卫生组织（WHO）和联合国粮农组织（FAO）批准使用安全可靠的食品添加剂，对霉菌、酵母菌、细菌等具有较好的抗菌作用，被广泛应用。改性 CA 抑菌树脂是实验室自制的一种抑菌树脂，是由不同种类的抗菌剂按照不同比例经共混、高温熔融、挤出、切粒制得的改性抗菌树脂，抗菌剂均为食品级。

本章以 LDPE 树脂为基础，探究添加丙酸钙（CP）与改性抑菌树脂（CA）后，制得的薄膜性能的变化。将不同质量分数的丙酸钙与改性CA/LDPE 通过共混熔融、挤出吹塑等工艺制备 CA-CP 改性 LDPE 抑菌薄膜。

利用已经制得的复合保鲜液（配方为 3g/L 的白砂糖溶液＋10g/L 的食盐溶液＋5g/L 的食醋溶液）对鲜食玉米进行预处理，用裁切热封好的 CA-CP 改性 LDPE 抑菌薄膜对其进行包装，探究常温下（温度 22℃，相对湿度75％）贮藏的鲜食玉米的理化指标变化，包括鲜食玉米的菌落总数变化、失重率、硬度、淀粉含量、可溶性蛋白质含量和感官评价。

第一节

材料与设备

一、材料与试剂

低密度聚乙烯（LDPE）：LD103，中国石油天然气股份有限公司。
丙酸钙（CP）：食品级，南通奥凯生物技术开发有限公司。
改性抑菌树脂（CA）：实验室自制。

二、仪器与设备

仪器与设备见表 4-1。

第二节

CA-CP 改性 LDPE 抑菌薄膜的制备方法

薄膜的配方设计如表 9-1 所示。

表 9-1　配方设计

编号	改性 CA 质量分数/％	CP 质量分数/％
A	0.2	0
B	0.2	0.8
C	0.2	1.8
D	0.2	2.8
E	0.2	3.8

将改性 CA 母料按照质量分数 20％ 添加到 LDPE 树脂中，混合均匀，置入双螺杆挤出机中共混，经过高温熔融、挤出、切粒，制备改性 CA 抑菌树脂。双螺杆挤出机各加热区温度分别是 160℃，170℃，175℃，180℃，180℃，175℃，175℃，转速为 45r/min。按照表 9-1 中的配比，将改性 CA 抑菌树脂和丙酸钙添加至 LDPE 树脂中，混合均匀后，置入吹膜机，熔融挤出、收卷，得到改性抑菌薄膜。单螺杆挤出机和吹膜机各加热区的加热温度分别是 150℃，170℃，175℃，180℃，转速为 50r/min。

第三节

CA-CP 改性 LDPE 抑菌薄膜的性能

一、薄膜的抑菌性能

由表 9-2 可以看出，未添加丙酸钙时，也有抑菌效果，这是因为改性

CA 树脂本身就具有抑菌性。随着丙酸钙含量的增加，抑菌圈直径逐渐变大，丙酸钙含量为 3.8％时，与未添加丙酸钙相比，大肠杆菌、金黄色葡萄球杆菌的抑菌圈直径分别增大约 1.397cm、1.554cm。当丙酸钙质量分数在 1.8％以上时，薄膜表现出较强的抑菌效果，质量分数为 3.8％时，抑菌效果最显著，且对大肠杆菌的抑菌效果优于金黄色葡萄球菌。这是因为丙酸钙是酸性防腐剂，在酸性环境中会产生较强的抗菌性，革兰氏阴性菌的多糖骨架及细胞壁中含有较多的脂蛋白（酸性介质），丙酸钙在酸性条件下，产生游离丙酸，发挥抑菌效果，浓度越高，抑菌效果越显著。丙酸钙与改性 CA 树脂兼容性较好，两者可协同作用。

表 9-2 CA-CP 改性 LDPE 抑菌薄膜的抑菌效果

丙酸钙质量分数/％	抑菌圈直径/cm	
	大肠杆菌	金黄色葡萄球菌
0.0	0.076±0.003	0.029±0.002
0.8	1.019±0.002	1.021±0.011
1.8	1.335±0.012	1.406±0.022
2.8	1.407±0.005	1.511±0.002
3.8	1.473±0.004	1.583±0.001

二、薄膜的力学性能

丙酸钙的质量分数为 0、0.8％、1.8％、2.8％、3.8％时，改性 LDPE 薄膜的平均厚度分别为 (0.046±0.0053)mm、(0.056±0.0036)mm、(0.062±0.0059)mm、(0.071±0.0043)mm、(0.074±0.0078)mm。丙酸钙的含量对改性抑菌薄膜拉伸强度和断裂伸长率的影响见图 9-1。可以看出，随着丙酸钙含量的增加，薄膜的拉伸强度先降低后升高，当丙酸钙质量分数为 1.8％时，拉伸强度最低，为 9.68MPa，与不加丙酸钙相比，降低了 2.74MPa。丙酸钙质量分数大于 1.8％时，随着丙酸钙质量分数的增大，薄膜的拉伸强度逐渐升高，这可能是由于丙酸钙能够均匀分散在薄膜中，与 LDPE 树脂有较好的相容性，增强了薄膜的强度和韧性。添加丙酸钙后，薄膜的断裂伸长率呈现下降趋势，当丙酸钙添加量为 3.8％时，薄膜的断裂伸长率最低，为 260.4667％，这可能是因为随着丙酸钙添加量增加，分子间的接触率增加，发生团聚现象，薄膜的结构稳定性改变，导致薄膜的断裂伸长率降低。

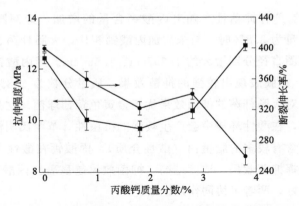

图 9-1　CA-CP 改性 LDPE 抑菌薄膜的力学性能

三、薄膜的光学性能

丙酸钙含量对 CA-CP 改性 LDPE 抑菌薄膜光学性能的影响见图 9-2。随着丙酸钙添加量的增加，薄膜的透光率逐渐下降，雾度逐渐上升。丙酸钙质量分数为 0～2.8％时，薄膜透光率下降较为缓慢，雾度上升趋势也较为平缓，这可能是因为丙酸钙的分子量较小，与 LDPE 树脂的相容性较好，均匀分散在膜体中，渗透到薄膜的非结晶区域，促进结晶，从而增大了薄膜的结构致密性，阻碍了光线的穿透，导致薄膜光学性能略微降低。丙酸钙的质量分数大于 2.8％时，薄膜的透光率急剧降低，雾度则快速升高，这可能是因为随着丙酸钙含量的增加，丙酸钙渗入到薄膜的结晶区域，破坏了分子间结晶区的结构，发生了团聚现象，同时形成团聚颗粒，对透射光线的阻碍作用增强，导致薄膜的光学性能急剧下降。

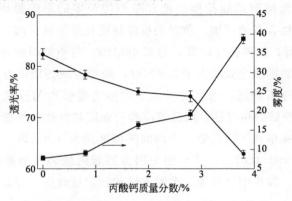

图 9-2　CA-CP 改性 LDPE 抑菌薄膜的光学性能

四、薄膜的阻隔性能

丙酸钙对 CA-CP 改性 LDPE 抑菌薄膜水蒸气透过系数和氧气透过量的影响见图 9-3。由图可知，随着丙酸钙添加量的增加，薄膜的水蒸气透过系数和氧气透过量均呈现先下降后上升的趋势，当丙酸钙质量分数为 2.8% 时，两者均达到最低，分别为 0.2203×10^{-13} g/(m·s·Pa)，1479.6955cm³/(m²·24h·0.1MPa)，此时薄膜的阻水性和阻氧性最强，说明少量的丙酸钙渗透到 LDPE 树脂的非结晶区，提高了树脂的结构致密性，减少了树脂分子间的孔隙，从而使水蒸气透过系数和氧气透过量下降。当丙酸钙的质量分数超过 2.8% 时，水蒸气透过系数和氧气透过量缓慢上升，这可能是因为过多的丙酸钙分子渗透到树脂的结晶区，阻碍了 LDPE 树脂的结晶，产生晶区缺陷，破坏了薄膜结构的致密度，从而导致水蒸气透过系数和氧气透过量增加。未加丙酸钙时，薄膜的水蒸气透过系数和氧气透过量分别为 0.3722×10^{-13} g/(m·s·Pa)，2846.8994cm³/(m²·24h·0.1MPa)；CP 添加量为 3.8% 时，分别为 0.2757×10^{-13} g/(m·s·Pa)，1844.8516cm³/(m²·24h·0.1MPa)。

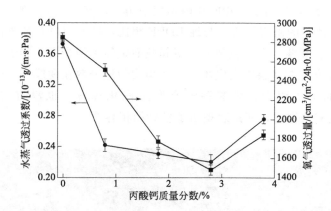

图 9-3 CA-CP 改性 LDPE 抑菌薄膜的透气性和透湿性

五、薄膜的热重分析

CA-CP 改性 LDPE 抑菌薄膜的热重分析如图 9-4 所示。薄膜的分解大致可以分为三个阶段：第一阶段 32～330℃，在此过程中薄膜不分解，说明薄膜的结晶结构致密；第二阶段为 330～490℃，这一阶段各组薄膜开始分解，质量下降迅速，并且随着丙酸钙含量的增加，薄膜的热分解温度逐步升高，可能是由于丙酸钙含量的增加，增强了薄膜内部的离子键强度，增强了热稳定性；第三阶段590～700℃，各组薄膜质量保持率处于平稳状态，基本不再分解。

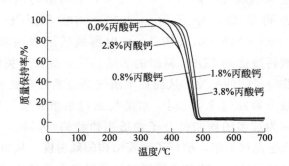

图 9-4　CA-CP 改性 LDPE 抑菌薄膜的热重分析曲线

六、薄膜的微观结构

图 9-5 分别表示纯 LDPE 和丙酸钙含量 0.0%～3.8% 的 CA-CP 改性 LDPE 抑菌薄膜的微观结构。与纯 LDPE 相比，(b)～(f)五种改性薄膜均没有出现气孔、裂缝、大颗粒现象，薄膜截面整体平坦光滑、均匀、紧密，说明丙酸钙并没有在薄膜中发生团聚，而是均匀地分散在薄膜中。这些现象说明在高温加工过程中，丙酸钙没有发生汽化挥发，也没有与改性 CA、LDPE 发生交联作用，而是表现出了较好的相容性。

(a) 纯LDPE　　　　　　　(b) 丙酸钙0

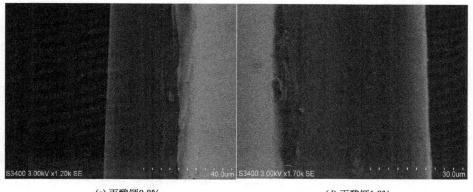

(c) 丙酸钙0.8%　　　　　　　　　　(d) 丙酸钙1.8%

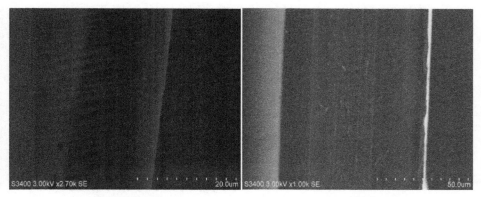

(e) 丙酸钙2.8%　　　　　　　　　　(f) 丙酸钙3.8%

图 9-5　CA-CP 改性 LDPE 抑菌薄膜的 SEM 图

七、薄膜的红外光谱分析

图 9-6 是添加不同含量丙酸钙的改性抑菌薄膜的红外谱图。与 A 组薄膜相比，其他组薄膜的 FTIR 谱图均多了一个 $1376cm^{-1}$ 的吸收峰，$1376cm^{-1}$ 为羧基上 COO- 的对称伸缩振动，证明了 B、C、D、E 薄膜中添加有丙酸钙。$2914cm^{-1}$、$2848cm^{-1}$ 和 $1471cm^{-1}$ 处的吸收峰对应的分别是 C—H 键的反对称伸缩振动、对称伸缩振动和弯曲振动，$717cm^{-1}$ 处的吸收峰主要是结晶区和无定形区的特征峰。A、B、C、D、E 组薄膜的 FTIR 谱图几乎相同，说明聚乙烯树脂的分子结构比较稳定，添加剂并没有破坏聚乙烯基材的结构。

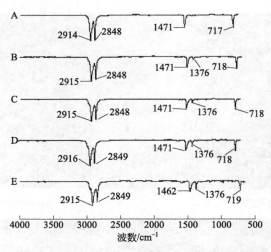

图 9-6　CA-CP 改性 LDPE 抑菌薄膜的 FTIR 谱图

第四节

CA-CP 改性 LDPE 抑菌薄膜与预处理
液对鲜食玉米的保鲜效果

利用已经制得的复合保鲜液（3g/L 的白砂糖溶液＋10g/L 的食盐溶液＋5g/L 的食醋溶液）对鲜食玉米进行预处理，用裁切热封好的抑菌薄膜对其进行包装，探究常温下（温度 22℃，相对湿度 75％）贮藏的鲜食玉米的理化指标变化，包括鲜食玉米的菌落总数变化、失重率、硬度、淀粉含量、可溶性蛋白质含量和感官评价。

一、鲜食玉米硬度

鲜食玉米贮藏过程中，硬度会发生变化，是由于鲜食玉米组织木质化和纤维化过程中，H_2O_2 的积累导致过氧化氢酶氧化细胞壁的木质醇，使其聚合为木质素，从而引起细胞壁的硬化。硬度的改变，反映了鲜食玉米含水量和营养成分的改变。

鲜食玉米在贮藏过程中硬度的变化如图 9-7 所示。鲜食玉米的初始硬度为 12.3N，这是因为鲜食玉米在乳熟期采收，籽粒饱满，含水量较高，弹性好。随着贮藏时间的增长，三种包装方式的鲜食玉米硬度都在增大，这是因为鲜食玉米在贮藏期间，水分含量和营养物质降低，导致籽粒表面变硬。保鲜液＋改性膜处理的鲜食玉米硬度的变化明显慢于改性膜组与纯 LDPE 膜组，保鲜效果上，纯 LDPE 膜组明显不如改性抑菌薄膜组，第 5 天时，纯 LDPE 膜组硬度达到了 19N，第 15 天时为 30.2N，改性膜组第 15 天时硬度为 25.4，而保鲜液＋改性膜组第 20 天时，硬度才上升至 25N，说明保鲜液＋改性膜对鲜食玉米的保鲜效果最好，其次是改性膜组。贮藏初期，样品硬度上升迅速是因为鲜食玉米采后呼吸强度高，营养成分变化迅速，籽粒失水变硬。贮藏后期，硬度持续变大，贮藏 20～30d 时，保鲜液与改性膜共同作用的鲜食玉米硬度增长速率缓慢，第 25 天时仅为 28.4N，第 30 天时达到 30.1N，其他两组在第 25 天时均远超过 30N，可能是由于经保鲜液处理后的鲜食玉米表面形成一层膜，抑制了水分的挥发，减缓了鲜食玉米硬度的增加。

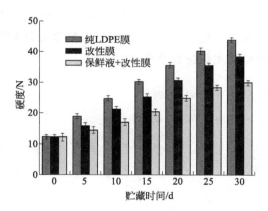

图 9-7　贮藏期间鲜食玉米硬度变化

二、鲜食玉米失重率

鲜食玉米在贮藏期间，会进行短期的呼吸作用，将自身储存的有机物质（碳水化合物、蛋白质和脂肪）分解为简单的最终产物，导致营养物质含量降低，再加上贮藏过程中水分的蒸发，导致原生质脱水，细胞结构异常，造成鲜食玉米风味、鲜度和食用价值降低。失重率能够反映鲜食玉米新鲜度。

采用称重法测定失重率，失重率的改变反映了鲜食玉米含水量、呼吸强度等理化指标的改变，失重率改变越小，代表保鲜效果越好。从图9-8可以看出，随着贮藏时间的延长，三种保鲜方式的鲜食玉米失重率都在上升，但整体趋势是保鲜液＋改性膜组的鲜食玉米失重率变化最小。贮藏初期，空白LDPE薄膜包装的鲜食玉米失重率上升显著，第5天时，为21.1％，远大于其余两组；第10天时，失重率达到33.4％，经改性膜包装的鲜食玉米失重率为15.8％，保鲜液＋改性膜组的鲜食玉米失重率为12.1％。贮藏初期，鲜食玉米的失重率都出现较大程度的升高，这可能是由于初期，鲜食玉米呼吸强度大，生理代谢快，水分、营养物质流失比较快。相比于其他两组，保鲜液处理的改性薄膜包装的保鲜方式在一定程度上延缓了重量的下降，其次是改性膜包装的保鲜方式，这可能是因为改性膜中含有抑菌成分，减缓了微生物的增长，抑制了鲜食玉米中营养物质的分解，延缓了失重率的下降。保鲜液不仅可以在鲜食玉米表面形成保护膜，减少水分的挥发，还可以与改性薄膜达到协同抑菌防霉的效果，极大地减缓了鲜食玉米失重率的上升。在15～30d之间，鲜食玉米失重率持续增大，保鲜液＋改性膜组始终保持最低失重率，第30天时，空白LDPE膜组失重率上升至48.9％，改性膜组为39.1％，保鲜液＋改性膜组为30.5％，说明保鲜液处理后再对鲜食玉米进行改性膜包装能够较好地抑制失重率增大。

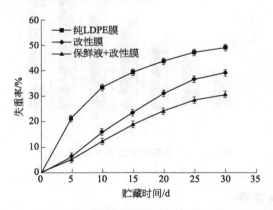

图9-8 贮藏期间鲜食玉米失重率变化

三、鲜食玉米淀粉含量

淀粉是鲜食玉米维持呼吸作用的主要物质，淀粉含量的改变能够反映鲜食玉米品质的变化。淀粉是鲜食玉米贮藏能量的主要形式，采后玉米进行呼吸作用时，会发生物质的转化、转移、分解和重组，这些过程会影响玉米本身的品质和贮藏寿命。

采用酸水解法测定鲜食玉米的淀粉含量，具体操作如下。

（1）制作葡萄糖标准曲线。

（2）样品的提取：称取 1.0g 鲜食玉米籽粒放入钵体中，研磨后置入 25mL 具塞试管中，倒入 10mL 80％的乙醇溶液，并在 80℃ 水浴中提取 30min，冷却后滤掉，收集滤渣。将收集的滤渣转入 25mL 具塞试管，加入 20mL 的热蒸馏水，在沸水中糊化 15min，然后加入 2mL 浓度 9.2mol/L 的冷高氯酸，搅拌均匀，提取 15min。冷却后加蒸馏水至 25mL，过滤，滤液置入 100mL 的容量瓶中。

（3）实验结果与计算

依据溶液吸光度，在标准曲线上查到对应葡萄糖的质量，计算鲜食玉米中的淀粉含量，公式如下：

$$淀粉含量(\%) = (m' \times V \times N)/(V_s \times m \times 106) \times 0.9 \times 100$$

式中：m' 为从标准曲线查得的葡萄糖质量，μg；V 为样品提取液总体积，mL；N 为样品提取液稀释倍数；V_s 为测试所取样品提取液体积，mL；M 为样品的质量，g；0.9 为由葡萄糖换算为淀粉的系数。

图 9-9 为鲜食玉米贮藏期间淀粉含量的变化。由图可知，在 0～10d 贮藏期内，鲜食玉米的淀粉含量一直升高，这是因为在贮藏前期，鲜食玉米进行合成代谢，处在可溶性糖向淀粉转变的阶段。采收后糖代谢仍是以合成代谢为主，贮藏阶段，不再提供由叶片产生的淀粉合成前体成分，但合成淀粉的关键酶仍处于活跃状态，将鲜食玉米中前体物质（部分可溶性糖）转化为淀粉，因此淀粉含量在贮藏前期迅速上升。第 10 天时，纯 LDPE 膜组样品淀粉含量达到 56.2％，改性膜组为 50％，保鲜液＋改性膜组达到了 39％，淀粉积累量最少，此时，保鲜液＋改性膜组的鲜食玉米甜度最高，保鲜效果最佳。10～30d 时，鲜食玉米中淀粉含量逐渐下降，这是因为，鲜食玉米进行呼吸作用，分解淀粉，产生能量来维持自身的生命活动，完成正常的代谢过程。贮藏后期，纯 LDPE 组淀粉含量下降迅速，其次是改性膜组、保鲜液＋改性膜组下降最慢，这可能是因为改性膜中含有丙酸钙，丙酸钙能够抑制鲜食玉米的呼吸作用，由图 9-9 可知，保鲜液也能在一定程度上抑制鲜食玉米的呼吸作用，因此，贮藏后期，保鲜液处理＋改性膜包装的鲜食玉米淀粉含量变化最小。

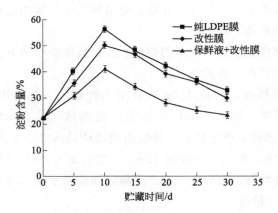

图 9-9　鲜食玉米贮藏期间淀粉含量变化

四、鲜食玉米可溶性蛋白质含量

可溶性蛋白质是鲜食玉米重要的渗透调节物质和维持生命活动的营养物质，能够保护细胞生物膜，其含量越高，鲜食玉米籽粒的保水、抗寒能力越强。

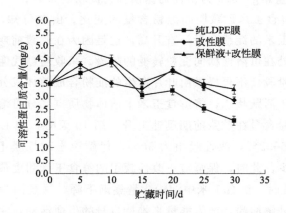

图 9-10　贮藏期间鲜食玉米可溶性蛋白质含量变化

三种包装方式对鲜食玉米可溶性蛋白质含量的影响如图 9-10 所示。从图中可以看出，三组鲜食玉米在贮藏阶段的可溶性蛋白质含量变化趋势基本一致。保鲜液＋改性膜包装的鲜食玉米可溶性蛋白质含量＞改性膜＞纯LDPE 膜，在第 5 天，保鲜液＋改性膜组的鲜食玉米的可溶性蛋白质含量明显高于其他组，在第 5～20d 时，鲜食玉米的可溶性蛋白质含量变化差异不明显，在第25天时，纯LDPE膜组鲜食玉米可溶性蛋白质含量为2.53mg/g，改性膜组为3.36mg/g，保鲜液＋改性膜组为3.46mg/g，纯LDPE膜组跟其他两组差异性显著（$P<0.05$），改性膜组与保鲜液＋改性膜组差异不显著（$P>0.05$）。第30天时分别为2.04mg/g，2.84mg/g和3.27mg/g，保鲜液处理改性膜包装的鲜食玉米可溶性蛋白质含量最高。以上实验说明，保鲜液处理，改抑菌薄膜包装的处理方式可以使鲜食玉米的可溶性蛋白质含量维持在较高的水平，延长鲜食玉米的货架期。

五、鲜食玉米可溶性糖含量

鲜食玉米的甜味主要来源于可溶性糖，可溶性糖含量直接影响了鲜食玉米的甜度，是衡量鲜食玉米风味和口感的重要指标。鲜食玉米采收时处于乳熟期，此时的含糖量最高，可溶性糖包括葡萄糖、果糖和蔗糖，采收后鲜食玉米的可溶性糖含量会发生改变，因此测定鲜食玉米贮藏过程中可溶性糖含量变化有助于改善鲜食玉米的保鲜工艺。

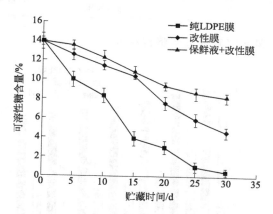

图 9-11　贮藏期间鲜食玉米可溶性糖含量变化

贮藏阶段，鲜食玉米的可溶性糖含量受呼吸作用、微生物侵染、水分蒸发等的影响而变化。图 9-11 反映了三种处理方法对鲜食玉米可溶性糖含量变化的影响。由图 9-11 可以看出，鲜食玉米的初始可溶性糖含量为14％，随着贮藏时间的增加可溶性糖含量下降。在0～15d内，纯LDPE膜组可溶性糖含量下降了10.1％，改性膜组下降了3.6％，保鲜液＋改性膜组下降了3.4％，在第30天时，三种处理方式的可溶性糖含量分别降低了13.5％、9.4％、5.8％，贮藏后期，差别显著，主要是因为，鲜食玉米在采后因呼吸作用需要消耗可溶性糖，同时可溶性糖还要转化为淀粉，由第二章可知，保鲜液能够抑制鲜食玉米的呼吸作用，同时也有相关研究表明丙酸钙也能降低果蔬的呼吸强度，从而减缓了可溶性糖含量的下降。

六、鲜食玉米感官评定

表 9-3 为鲜食玉米感官评分标准。

表 9-3　鲜食玉米感官评分标准

色泽 （20 分）	形态 （30 分）	气味滋味 （30 分）	卫生 （20 分）
15～20 均匀，光亮平滑	25～30 籽粒饱满，无皱缩，柔软，弹性好	25～30 香嫩可口，咀嚼性好，不黏牙，有鲜玉米特有的滋味	15～20 无肉眼可见杂质，无霉变
10～15 比较均匀，光亮较差	15～25 籽粒饱满度一般，轻微皱缩，微硬，弹性一般	15～25 口感一般，咀嚼性较好，轻微黏牙，有少量皮渣，滋味一般	10～15 有轻微杂质，几乎无霉变

图 9-12 为贮藏期间鲜食玉米感官评分。

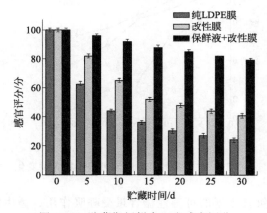

图 9-12　贮藏期间鲜食玉米感官评分

由图 9-12 可以看出，贮藏过程中，鲜食玉米的感官评分随着贮藏时间的延长而不断降低。整体上看，保鲜液处理下，CA-CP 改性 LDPE 抑菌薄膜包装的保鲜方式，感官评分一直处于最高。贮藏第 5 天，纯 LDPE 膜组鲜食玉米的感官评分为 63，此时的鲜食玉米鲜亮度较差，籽粒出现轻微皱缩，咀嚼性变差，表面出现轻微的杂质，感官品质变差，失去食用价值。改性膜组样品感官评分为 82，感官品质良好，保鲜液＋改性膜组样品感官得分为 96，鲜食玉米的色香味、口感保持较好的水平。随着贮藏时间的延长，纯 LDPE 膜组样品籽粒开始皱缩严重，弹性变差，并且出现酸败味，甚至霉变现象。改性膜组的鲜食玉米样品第 10 天时才出现轻微的籽粒皱缩现象，此时感官评分为 65，要高于纯 LDPE 膜包装的鲜食玉米的感官评分为 44。CA-CP 改性 LDPE 抑菌薄膜包装的经保鲜液处理过的鲜食玉米，第 25 天，感官评分为 82，仍然保持较好的品质，第 30 天时为 79，有轻微的色泽变化，但没有任何霉变现象，感官品质较好。综合分析，保鲜液＋改性膜的保鲜方式有利于延长鲜食玉米的保鲜期。

七、鲜食玉米的微生物测定结果

鲜食玉米水分多，淀粉等营养物质含量高，采后呼吸强度大，贮藏期间会不可避免受到细菌污染，商业标准 SBT10379—2012 中规定生鲜制品菌落总数水平限量为 3×10^6 CFU/g。

不同保鲜方式的鲜食玉米在贮藏过程中微生物增长繁殖情况如图 9-13 所示。鲜食玉米的初始菌落数为 320CFU/g，菌落总数随着贮藏时间的推移而增大，整个贮藏过程中，保鲜液＋改性薄膜组的样品菌落总数都是最低的，纯 LDPE 膜组样品的菌落总数均为最高。0～5d 内，三组样品的菌落总数变化较小，第 5 天后，微生物繁殖速度加快，菌落总数增长变快，其中纯 LDPE 膜包装的鲜食玉米在贮藏后期几乎呈现指数增长，CA-CP 改性 LDPE 抑菌薄膜包装的鲜食玉米菌落总数增长速度慢于纯 LDPE 膜组，保鲜液＋改性膜组呈缓慢增长趋势。鲜食玉米采摘时处于乳熟期，呼吸代谢快，含水量高，营养物质丰富，在贮藏过程中不采用任何保鲜方式，微生物会大量繁殖，纯 LDPE 膜包装的鲜食玉米在第 20 天时，菌落总数为 3.1×10^6 CFU/g，超过商业标准 SB/T-10379—2012 中规定的微生物限量。改性膜包装的鲜食玉米在第 25 天时，菌落总数已接近水平限量，此后微生物利用鲜食玉米中的营养物质大量繁殖，第 30 天时出现超标现象。保鲜液处理并用改性抑菌薄膜包装的样品表现出了较好的抑菌效果，贮藏 30d 时，菌落总数为 2.3×10^6 CFU/g，仍未出现超标现象。说明保鲜液和改性抑菌薄膜具有协同抑菌防霉作用，保鲜液能够杀死鲜食玉米表面的原始微生物，同时还能够延缓鲜食玉米的品质变坏。与此同时，改性膜里含有抗菌剂，可通过缓释作用抑制微生物增长，两者对鲜食玉米起到双重保鲜作用，从而使鲜食玉米的保鲜期大大延长。

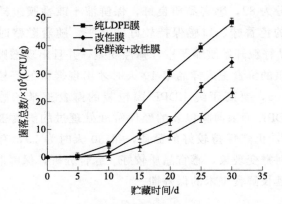

图 9-13 鲜食玉米贮藏期间菌落总数变化

第十章 涂布抑菌防霉包装纸

抑菌防霉功能是包装纸重要的研究课题，它直接影响产品的保质期。抑菌功能性包装纸通过缓慢释放具有抑菌防霉作用的成分，达到控制包装环境内微生物生长的目的。纸包装材料具有成本低廉、资源丰富、可回收再利用、易降解等特点，是前景广阔的绿色包装材料。抑菌纸的制备方法主要有涂布法、浸渍/喷淋法、浆内添加法、抗菌纤维技术等。其中，涂布法制备抑菌纸具有操作简便、生产成本低、均一性好、便于控制用量、适合工业化生产等优点。

聚乙烯醇（polyvinyl alcohol，PVA）是一种无毒、无害、无味的高分子聚合物，其分子链上有大量羟基，具有吸水性和生物可降解性，并且对纤维素的黏着力强、成膜性好，在纸张表面涂布 PVA 可改善其光泽度、平滑度和其他力学性能，同时使纸张具有热封性能。

将常用的食品防腐剂与 PVA 结合，涂布于纸张表面得到抑菌防霉包装纸，可避免直接向食品中添加防腐剂，并且无需在低温、气调等条件下贮藏，操作简便，可从根源上避免微生物污染食品。

第一节

材料与设备

一、材料

定量（克重）为 $80g/m^2$ 的牛皮纸；聚乙烯醇（PVA）；山梨酸钾；脱氢乙酸钠；苯甲酸钠：分析纯；大肠杆菌（Escherichia coli，ATCC25922）、金黄色葡萄球菌；LB 营养琼脂、胰蛋白胨大豆肉汤（TSB）。

二、设备

电子数显螺旋测微仪；涂膜器；集热式恒温加热磁力搅拌器；电子天平；电脑测控抗张实验机；鼓风干燥箱；纸板撕裂度仪；水蒸气透过率测试仪；气体渗透测试仪；扫描电子显微镜；超净工作台；恒温培养箱；不锈钢反应釜。

第二节

薄膜的制备

一、抑菌纸薄膜的制备方法

（1）PVA 溶液的制备

准确称取 6kg 聚乙烯醇颗粒，用蒸馏水洗净后置于恒温鼓风干燥箱中 60℃干燥 10h，再将干燥后的聚乙烯醇颗粒倒入反应釜中，向反应釜中加入 44L 蒸馏水，设置反应釜转速 40r/min，温度 65℃，恒温溶胀 2h。加入 2.5kg 甘油作为增塑剂，在反应釜内 95℃恒温条件下连续搅拌 4.5h 使聚乙烯醇颗粒完全融化，最后在-0.1MPa 下脱气 30min，即制得 PVA 溶液。

（2）聚乙烯醇抗菌液的制备

将山梨酸钾、脱氢乙酸钠、苯甲酸钠 3 种抗菌剂分别加入到上述制备的 PVA 溶液中，抗菌剂的质量分数分别为 0，3％，6％，9％，使用磁力搅拌器搅拌 60min，使之完全溶解，即制得聚乙烯醇抗菌液。

（3）抑菌纸的制备

采用表面涂布法进行制备。首先将牛皮纸裁切成 30cm×20cm 大小，用移液器吸取 15mL 配制好的聚乙烯醇抗菌液于牛皮纸上，再用涂膜器在常温下涂布 30s 使之均匀分布，涂布时横向与纵向交替进行且涂布次数相同，然后在 60℃烘箱中干燥 30min，即制得抑菌纸。

二、抑菌纸性能测试

（1）厚度测量

使用电子数显螺旋测微仪在抑菌纸上选取 8 个点进行测量，结果取平均值。测得的厚度用于拉伸强度、水蒸气透过系数、氧气透过量的测试。

（2）抑菌性能测定

采用抑菌圈法测定抑菌纸的抑菌性能。该试验在超净工作台上，无菌条件下进行，先用打孔器在抑菌纸上打孔，得到直径为 6mm 的圆片并进行 2h 紫外灭菌，再分别吸取 1mL 浓度为 10^5 CFU/mL 的大肠杆菌和金黄色葡萄球菌滴在对应的培养基上，用无菌玻璃涂布器涂布均匀，静置 10min 使菌液扩散完全。用灭菌后的镊子将圆片样品贴于培养皿的中心位置，在温度37℃的培养箱中倒置培养24h，观察菌体生长情况并测量抑菌圈直径（包括样品直径）。未添加抗菌剂的样品做对照，每个样品做5个平行实验，取平均值。

（3）抗菌剂的选择

将3种聚乙烯醇抗菌液分别涂布于牛皮纸上制得3种抑菌纸，采用抑菌圈法检验3种抑菌纸对大肠杆菌和金黄色葡萄球菌的抑制效果，选择抑菌圈最大的抑菌纸做力学性能、阻隔性能、微观结构的研究。

（4）拉伸强度测定

参考ASTM D1003-61的方法，并做调整，具体步骤为：首先将抑菌纸裁切成宽为15mm的长条状，设置夹距50mm，环境相对湿度50%，温度25℃，拉伸速率100mm/min，使用电脑测控抗张实验机进行测试，每个样品测试6次，取平均值。

（5）撕裂度测定

试验前先对仪器进行调试，按照GB/T 450—2008《纸和纸板 试样的采取及试样纵横向、正反面的测定》规定采取并处理试样，试样尺寸为63mm×50mm，长边分别为纸纤维的横向和纵向。测定的方法为：先将扇形摆体置于待撕位置，指针靠住指针调节板；采用标准试样层数（4层），试样短边平放并夹持在2组夹纸器钳口内；按下切刀，对试样进行切口，切口长度20mm；按下测试按键，令摆做1次全程摆动，扇形摆体回程时，用手顺摆动方向轻握扇形摆体，并放回待撕位置；读取指针示值，每种样品测5次取平均值。按下式计算撕裂度。

$$F_t = \frac{4}{n} \times S \tag{10-1}$$

式中，F_t为被测试样撕裂度值，mN；n为被测试样的层数；S为标尺读数，mN。

（6）水蒸气透过系数测试

使用水蒸气透过率测试仪对抑菌纸进行测试。试验条件为：温度37.8℃，湿面相对湿度100%，干面相对湿度10%，每种样品测试5次（每次测试的误差要求<5%），结果取平均值。按前面章节公式计算水蒸气透过系数。

（7）氧气透过量测试

按照GB/T 1038—2000的方法，用气体渗透测试仪测定抑菌纸的氧气透过量。试验温度 25℃，相对湿度为 65％，每个样品测 5 次，结果取平均值。

（8）微观结构分析

首先将抑菌纸样品裁切成 10mm×6mm 大小，垂直粘贴在样品盘上，再用离子溅射仪抽真空，并在 20mA 电流下喷金处理 30s，然后用加速电压 3.4kV 的扫描电子显微镜放大 600 倍观察样品横切面的微观结构并拍照。

（9）数据处理

各项试验结果采用 SPSS Statistics 22.0 进行数据统计分析，运用方差分析法（ANOVA）进行显著性检验，显著差异水平取 $P < 0.05$。

第三节

抑菌纸的性能

一、抗菌剂种类对抑菌纸抑菌性能的影响

抑菌圈法是根据抑菌样品在琼脂培养皿中抑制细菌生长形成的透明圈大小来定性测定抑菌效果的方法。抑菌圈越大，抑菌能力越强；抑菌圈越小，抑菌能力越弱。试验中使用的大肠杆菌是革兰氏阴性菌的代表，金黄色葡萄球菌是革兰氏阳性菌的代表。表 10-1 为抑菌剂质量分数为 6％的抑菌纸的抑菌效果。由表 10-1 可知，添加相同浓度的 3 种食品防腐剂，使用脱氢乙酸钠制备的抑菌纸的抑菌圈直径最大，即在该试验中的抑菌效果最好。因此选择脱氢乙酸钠抑菌纸进行性能测定。

表 10-1　相同浓度下不同抗菌剂的抑菌效果

抗菌剂的种类	抑菌圈直径/mm	
	大肠杆菌	金黄色葡萄球菌
山梨酸钾	8.28±0.16	7.34±0.15
脱氢乙酸钠	8.54±0.11	9.48±0.13
苯甲酸钠	6.98±0.24	7.08±0.13

二、抑菌纸的拉伸强度

表 10-2 为牛皮纸和不同浓度抑菌纸的拉伸强度。由表 10-2 可知，抑菌纸的厚度比原牛皮纸增加了约 0.02mm，为一层抗菌 PVA 膜。纸张纵向的拉伸强度均大于横向，由于纸纤维是纵向排列的，试验中测试纸张的纵向拉伸强度需要拉断纤维，而测试横向拉伸强度主要是破坏纤维与纤维之间的连接力，因此纵向拉伸强度大于横向拉伸强度。使用抗菌液对牛皮纸涂布处理之后得到的抑菌纸的拉伸强度较原纸有明显提高，是因为抑菌纸表面有一层 PVA 膜。添加不同质量分数的抗菌剂对拉伸强度没有明显影响。

表 10-2　抑菌纸的拉伸强度

组别	厚度/mm	拉伸强度/MPa	
		纵向	横向
原纸[①]	0.0998±0.0021	67.87±0.67	58.65±0.77
0[②]	0.1199±0.0012	78.99±0.84	67.28±0.67
3%	0.1203±0.0015	78.22±0.65	66.16±0.74
6%	0.1199±0.0017	78.08±1.87	65.91±1.37
9%	0.1201±0.0020	77.82±0.81	65.47±1.70

①原纸是指牛皮纸。
②指的是没加抗菌剂，但涂有 PVA 膜的纸。

三、抑菌纸的撕裂强度

表 10-3 为牛皮纸和不同浓度抑菌纸的撕裂强度。由表 10-3 可知，纸张横向的拉伸强度均大于纵向。同样，由于纸纤维排列方向的原因，测定横向的撕裂强度需要撕断纤维，而测定纵向撕裂强度只需要破坏纤维之间的连接力。涂布抗菌 PVA 溶液得到的抑菌纸的撕裂强度同样有所提高；添加不同质量分数抗菌剂的抑菌纸的撕裂强度差异不显著，即对撕裂强度无明显影响。

表 10-3　抑菌纸的撕裂强度

组别	撕裂强度/mN	
	纵向	横向
原纸	1640±41.83	2130±34.64
0	1810±38.08	2316±50.30

组别	撕裂强度/mN	
	纵向	横向
3%	1816±32.09	2308±25.88
6%	1824±18.17	2320±30.82
9%	1798±37.01	2302±34.93

四、抑菌纸的水蒸气透过系数和氧气透过量

微生物的生长繁殖需要水分和氧气，因此包装材料的阻隔性很大程度影响着包装效果。由于牛皮纸本身为非匀质材料，且其纤维网络是多孔结构，因此水蒸气和氧气可从纸张的孔隙穿过，阻隔性较差，使测试仪器无法测得水蒸气透过系数和氧气透过量。表 10-4 为抑菌纸的水蒸气透过系数和氧气透过量。由表 10-4 可知，在牛皮纸表面涂布抗菌 PVA 后，阻隔性显著增强，是由于纸表面的 PVA 膜具有良好的气体阻隔性能。当添加的抗菌剂的质量分数增大时，水蒸气透过系数和氧气透过量有所降低，即阻隔性有所增强，可能是抗菌剂填充到 PVA 膜孔隙中使得抑菌纸更加紧密，从而阻隔性更好。

表 10-4　抑菌纸的水蒸气透过系数和氧气透过量

抗菌剂的质量分数	水蒸气透过系数 /[×10^{-8}g/(m・s・MPa)]	氧气透过量 /[cm³/(m²・d・MPa)]
0	3.3864±0.0837	9794.4920±118.5631
3%	3.1380±0.0846	9224.7432±101.0690
6%	2.9840±0.0744	9059.9465±91.4669
9%	2.8676±0.0672	8897.5903±93.1111

五、抑菌纸的微观结构

图 10-1 为添加不同质量分数抗菌剂的抑菌纸的微观结构。在 600 倍扫描电镜下可以观察到抑菌纸的表面覆盖一层均匀的胶状聚合物，而其内部结构无明显变化。胶状聚合物是 PVA 抗菌液烘干后的抗菌 PVA 膜，使得牛皮纸的阻隔性能显著增强。

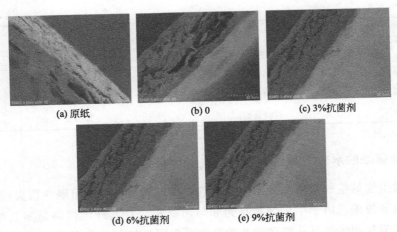

图 10-1　牛皮纸和不同质量分数抑菌纸的微观结构图

六、添加不同浓度抗菌剂的抑菌纸抑菌性能

表 10-5 为添加不同质量分数抗菌剂的抑菌纸的抑菌效果。由表 10-5 可知，未添加抗菌剂的试验中未出现抑菌圈，抗菌剂的浓度越高则抑菌圈越大，抑菌效果越好。脱氢乙酸钠抑菌纸对金黄色葡萄球菌的抑制能力相对于大肠杆菌更强。

表 10-5　添加不同质量分数抗菌剂的抑菌效果

抗菌剂的质量分数	抑菌圈直径/mm	
	大肠杆菌	金黄色葡萄球菌
0	0.00±0.00	0.00±0.00
3%	7.08±0.19	7.94±0.24
6%	8.54±0.11	9.48±0.13
9%	10.16±0.27	11.82±0.29

第十一章 抑菌防霉包装的应用

第一节

软包装薄膜核心技术：智能化抑菌防霉

薄膜的智能化是基于力学性能、光学性能转向与微生物等的技术——通过膜上微生物的培养、检验和比较实现，也就是控制不同参数（环境中的温度、湿度及 pH 值）而体现出的微生物繁殖速度。

智能树脂的研发关键是将不同功能的抑菌防霉助剂与树脂进行接枝。技术功能主要表现在薄膜的特种保护效果：抑菌、防霉、抗氧化。

一、树脂是核心的案例

杜邦公司的成功：1975 年，美国杜邦公司开发出划时代的超韧尼龙，通过 PA 树脂与聚烯烃弹性体接枝共混获得，并于 1976 年实现工业化生产，销往美国、日本、西欧等，由此杜邦在高性能尼龙薄膜领域成为国际领先的公司。

从杜邦公司的成功案例获得的启发：薄膜的抑菌防霉要从前端树脂入手来进行精心研究。核心技术是将基体树脂与抑菌成分（材料）有机结合，使获得的树脂具有抑菌防霉功能，最后通过其制品——薄膜的抑菌防霉能力予以体现。

二、薄膜的特种保护效果

带皮的大蒜保鲜期很长，大蒜一旦去皮会很快腐烂。关于这一功能表现，上海海洋大学指导包装专业学生利用大蒜皮研制出了一种抗氧化包装纸膜，获得了国家大学生挑战杯铜奖。

大自然是我们开发特种保护效果薄膜和树脂的最好资源。大蒜皮是一种生物质的天然抑菌材料，从中能得到天然抑菌成分。此类天然抑菌材料还有中草药（金银花、黄连等）、矿物质（银类）及活性物质材料（洋葱、花椒等）。

将抑菌成分从天然材料中提取出来，进行组合、复配，并与树脂结合，制取相应的薄膜。将薄膜作为抑菌基材，对相关产品进行包装，在特定的环境下观察微生物的繁殖，并进行测试，从而判断其抑菌效果。

三、防止蛋白质食品的变质

蛋白质类食品变质的原因很多，主要两大类：一是微生物的侵蚀；二是氧化。微生物主要是细菌、霉菌和酵母菌。其中霉菌影响最突出，危害性最大。氧化包括氧气、光线与其它化学成分等多方面的氧化作用。

以富含蛋白质的食品（例如豆制品、肉品、面食制品等）作为研究对象，在特定的温度和湿度条件下，用抑菌防霉材料包装，储存一段时间后观察并检测其微生物数量，以此判定抑菌防霉材料对富含蛋白质食品的抑菌效果。

四、三大特种保护：抑菌、防霉、抗氧化

以食品为例：三大特种保护是抑菌、防霉、抗氧化。

抑菌是指用物理或化学方法杀死或抑制微生物的生长和繁殖；防霉是指抑制霉菌孢子萌发及菌丝体生长；抗氧化是指防止食品变色，油脂变质和维生素损失等。

所有食品类中非热加工食品必须经过维持其生物活性，或抑制其生物反应速度，使之处于休眠或者半休眠状态的处理。理想的食品包装技术或许应选择活性包装与材料。真空包装、气调包装、充气包装都是通过调节包装内部食品所处环境中的气体成分实现保鲜保质。很好地减少了食品中防腐剂的使用，确保食品安全。

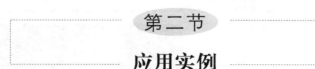

第二节

应用实例

一、薄膜特种保护包装——蛋白食品抑菌防霉塑料包装

食品是人们生活中不可或缺的产品，食品的安全与人们的生活息息相关。但大多数食品都是通过直接向食品中加入多种添加剂，延长食品保质期，长期食用可能会对人体健康造成危害。基于以上现象，科学领域和食品工业领域提出使用薄膜特种保护包装代替传统包装的理念。

蛋白食品因其营养丰富，很容易被微生物侵染导致腐败变质。目前也有较多蛋白食品保鲜方式（例如抽真空、冷藏，气调包装等），但存在处理工艺复杂或成本高等问题，不便于消费者使用。

针对蛋白食品的特种保护要求，研发了蛋白食品抑菌防霉塑料包装。制备机理是在高分子基材树脂中加入食品级活性抗菌剂，并通过一系列薄膜制备工艺，得到具有特殊抑菌保鲜效果的薄膜材料，利用抗菌剂的缓释作用，抑制食品表面微生物生长，改善包装的内部环境，保证食品质量与安全，延长食品货架期。

　　图 11-1 是上海海洋大学研发的抑菌抗氧、抗雾防霉、生物气调保鲜三种功能性包装（薄膜、包装袋）。

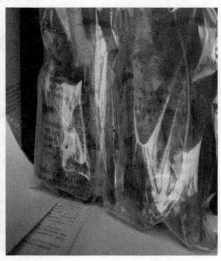

图 11-1　蛋白食品抑菌防霉包装袋及应用

二、抑菌防霉包装材料在实际中的应用

众所周知，食品包装材料的研发和制造层出不穷，但是切实与食品本身相结合的包装材料却很缺乏，并且食品功能性包装的效果应在实际使用中进行验证。现在抑菌防霉包装材料的竞争优势主要体现在包装材料的科学性和可行性。具体表现在：首先，抑菌防霉包装可以抑制微生物对食品的侵害，从而延长食品的保质期，促进商品流通；其次，抑菌防霉包装不会对食品的风味有不良影响，并且具有良好的保鲜作用。

从食品安全角度来说，食品抑菌防霉包装材料不但可以将食品与外界环境隔绝，防止微生物进入食品包装体系，并且可以通过控制包装内环境的气体成分和相对湿度等，起到延长食品贮藏期的作用。然而，传统的塑料包装薄膜因其性能的不完善，容易造成食品腐败变质。因此，研发出抑菌防霉包装材料，提高食品的包装品质，进而提高食品的安全性，已成为近年来的热点研究内容。

抑菌防霉包装材料分别在油炸肉制品、吐司、酱卤味食品、皮具等产品包装上获得了应用。实际应用表明其抑菌防霉效果是普通包装的三倍以上，如图 11-2～图 11-5 所示。

以皮具防霉包装为例：经过 3 年的试验效果明显。实现了皮具一年内不长霉、不变色。该包装应用范围：皮鞋、皮包、皮衣等相关皮制产品。使用简单方便，密封即可。

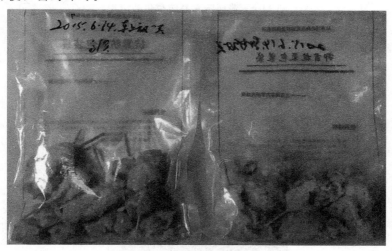

图 11-2　油炸肉品抑菌防霉包装应用

图 11-3　面包防霉包装应用对比

图 11-4　酱卤味食品防霉包装应用

图 11-5　皮具防霉包装袋

参考文献

REFERENCES

[1] 励建荣. 生鲜食品保鲜技术研究进展 [J]. 中国食品学报, 2010, 10（03）: 1-12.

[2] 蔡路昀, 吕艳芳, 李学鹏, 等. 复合生物保鲜技术及其在生鲜食品中的应用研究进展 [J]. 食品工业科技, 2014, 35（10）: 380-384.

[3] 郜海燕, 陈杭君, 穆宏磊, 等. 生鲜食品包装材料研究进展 [J]. 中国食品学报, 2015, 15（10）: 1-10.

[4] Han, Y. C., Lee S., Ahn, B. H. etc. Preparation of anti-fogging low density polyethylene film by using γ-irradiation [J]. Sensors and Actuators B, 2007, 126（1）: 266-270.

[5] Chen, G. L., Zheng X., Huang J., et al. Three different low-temperature plasma-based methods for hydropHilicity improvement of polyethylene films at atmospHeric pressure [J]. Chinese pHysics B, 2013, 22（11）: 115206-115207.

[6] 李宏亮, 蒋云升. 豆腐干类风味制品试制与质量控制技术的研究 [J]. 安徽农业科学, 2011, 39（13）: 7718-7720.

[7] 励建荣. 中国传统豆制品及其工业化对策 [J]. 中国粮油学报, 2005, 20（1）: 41-44.

[8] 李疆. 大豆生物活性物质的综合开发 [J]. 粮食与食品工业, 2006,（13）: 34-38.

[9] 程浩, 金杭霞, 盖钧镒, 等. 转基因技术与大豆品质改良 [J]. 遗传, 2011, 33（05）: 431-436.

[10] 李卫, 么春艳, 王茵. 营养素和植物化学物通过 NMDAR 改善认知的研究进展 [J]. 食品工业科技, 2012, 32（23）: 402-407.

[11] I waniak A, P Minkiewicz. Biologically active peptides derived from proteins-a Review [J]. Polish Journal of Food and Nutrition Science, 2008, 58（3）: 32-47.

[12] 邓成萍, 薛文通, 孙晓琳, 等. 不同分子量段大豆多肽功能特性的研究 [J]. 食品科学, 2006, 27（5）: 109-112.

[13] 汪桐. 大豆活性肽的研究进展 [J]. 安徽农业科学, 2012, 40（26）: 13105-13106.

[14] 毛峻琴, 宓鹤鸣. 大豆异黄酮的研究进展 [J]. 中草药, 2000, 31（1）: 61-64.

[15] Fischer M, Gruppen H, Piersma SR, et al. Aggregation of peptides during hydrolysis as a cause of reducedenzy matic extractability of soybean meal proteins [J]. Journal of Agricultural and Food Chemistry, 2002, 50（16）: 4512-4519.

[16] Hu J, Zheng YL, Hyde W, et al. Human fecal metabolism of soyasaponin I [J]. Journal of Agricultural and Food Chemistry, 2004, 52（9）: 2689-2696.

[17] Lee. Soyasaponins lowered plasma cholesterol and increased fecal bile acids in female golden

Syrian hamsters [J]. Experimental Biology Medicine, 2005, 230（7）: 472-478.

[18] 金其荣, 徐勤. 大豆低聚糖生产生理功能及其应用 [J] 食品科学, 1994, 11（11）: 7-12.

[19] 刘祥, 余倩. 大豆低聚糖对肠道菌群结构调节的研究 [J] 中国微生态学杂志, 2003, 15（1）: 10-12.

[20] 殷涌光, 刘静波. 大豆食品工艺学 [M]. 北京: 化学工业出版社, 2005.

[21] 黄丽金, 童优芸, 曹建平, 等.市售非发酵性豆制品质量状况调查与分析 [J]. 食品科技, 2014, （8）: 114-116.

[22] 徐松滨. 浅谈豆制品行业食品质量安全的现状 [J]. 食品安全管理, 2014, 11: 25-26.

[23] 彭海荣. 豆制品新国标为行业发展"松绑" [J]. 中国食品, 2015,（10）: 86-87.

[24] GB2711-2014《食品安全国家标准面筋制品》. 北京: 中国标准出版社, 2014.

[25] GB 4789. 4—2016《食品安全国家标准食品微生物学检验沙门氏菌检验》. 北京: 中国标准出版社, 2017.

[26] GB 4789. 10-2016《食品安全国家标准食品微生物学检验金黄色葡萄球菌检验》. 北京: 中国标准出版社, 2017.

[27] 郭佳婧. 非发酵豆制品中耐热细菌的分离鉴定及耐热性能研究 [D]. 湖南: 湖南农业大学, 2012, 1-40.

[28] 付立新, 孟丽芬, 袁芳, 等. 辐照保藏豆制品的研究 [J]. 激光生物学报, 2003, 6（12）: 450-453.

[29] 崔海英, 吴娟, 宋方平, 等. 丁香精油的抗菌活性及其在豆制品中的应用 [J]. 中国食品添加剂, 2015, 10: 150-153.

[30] 赵珊, 张晶, 丁晓静, 等. 超高效液相色谱电喷雾串联四极杆质谱法检测豆制品中 HD 种禁用工业染料 [J]. 分析测试学报, 2016, 4（35）: 432-437.

[31] Rolland F, Baena-Gonzalez E, Sheen J. Sugar sensing and signaling in plants: Conserved and novel mechanisms [J]. Annual Review of Plant Biology, 2006, 57: 675-709.

[32] Eveland AL, Jackson DP. Sugars, signaling, and plant development [J]. Journal of Experimental Botany, 2012, 63: 3367-3377.

[33] 曲茂华, 张凤英, 何名芳, 等. 海藻糖生物合成及应用研究进展 [J]. 食品工业科技, 2014, 35（16）: 358-362.

[34] 戴桂芝. 包装与杀菌对速成低盐酱菜保质期的影响 [J]. 中国调味品, 2007(10): 59-62.

[35] Nobuyuki KURITA and shigeru KOIKE. Synergistic Antimicrobial Effect of Acetic Acid, Sodium Chloride and Essential oil Components [J]. Agricultural and Biological Chemistry, 1982, 46: 1655.

[36] 周光宏. 畜产品加工 [M]. 北京: 中国农业出版社, 2002.

[37] SOFOS J N. Antimicrobial effects of sodium and other ions in foods: a review [J]. Journal of Food Safety, 1984, 6（1）: 45-78.

[38] 徐根娣, 冷云伟. 食醋的功能性 [J]. 江苏调味副食品, 2009（1）: 27-29.

[39] 张二芳, 王莉, 米静静. 五种调味品的抑菌性研究 [J]. 中国调味品, 2014, 39（05）: 20-22.

[40] 杜荣茂, 刘海森, 何唯平. 脱氢醋酸钠、丙酸钙及其复配形式在面包中的防腐作用 [J]. 食品与饲料工业, 2001（8）: 60-61.

[41] 卫一其. 丙酸钙对面包防霉效果观察 [J]. 中国公共卫生管理, 2002, 18(6): 91.

[42] EL-Shenewy, M. A. & Marth, E. H. Behavior of Listeria monooytogenes in thepresence of sooium propionate together with food acids [J]. Food Prot, 1992, 55: 241-245.

[43] 罗欣, 朱燕, 唐建俊, 等. 丙酸钙在真空包装鲜牛肉保鲜中的应用研究 [J]. 1998, 2: 40-42.

[44] 何丽华. 豆制品防腐保鲜技术的研究进展 [J]. 现代预防医学, 2007, 34(2): 294-296.

[45] KATAOKA S. Functional effects of Japanese style fermented soy sauce and its components [J]. Journal of bioscience and bioengineering, 2005, 100(3): 227-234.

[46] 王春叶. 豆干感官品质研究 [D]. 重庆: 西南大学, 2008.

[47] 张长贵, 吴雨, 魏源, 等. 豆干加工的微生物污染途径研究 [J]. 中国调味品, 2013, 38(10): 53-56.

[48] 石彦国, 任莉. 大豆制品工艺学 [M]. 北京: 中国轻工业出版社, 1996: 13-25.

[49] 黄丽, 高月明, 杨君. 低糖佛手瓜蜜饯加工技术研究 [J]. 食品工业, 2012, 33(4): 64-67.

[50] 卢大平. 四类菜必须多放醋才能保护营养 [J]. 农村百事通, 2014(11): 61.

[51] 阳飞, 张华山. 食醋及其营养保健功能研究进展 [J]. 中国调味品, 2017, 42(5): 171-175.

[52] SANTOS B A D, CAMPaGNOL P C B, FAGUNDES M B, et al. Generation of volatile compounds in Brazilian low-sodium dry fermented sausages containing blends of NaCl, KCl, and CaCl$_2$, during processing and storage [J]. Food Research International, 2015, 74: 306-314.

[53] 张平. 食盐用量对四川腊肉加工及贮藏过程中品质变化的影响 [D]. 成都: 四川农业大学, 2014.

[54] 陈浩. 休闲豆制品超高压杀菌工艺及产品品质研究 [D]. 邵阳: 邵阳学院, 2015.

[55] NORTON T, SUN Da-wen. Recent advances in the use of high pressure as an effective processing technique in the food industry [J]. Food and Bioprocess Technology, 2008, 1(1): 2-34.

[56] 丘华, 劳泰财, 李长鹏. 解决豆腐花产品质量问题的技术关键 [J]. 食品科学, 2000(12): 62-67.

[57] 黄敏璋, 程裕东, 周颖越, 等. 豆浆饮料的微波杀菌特性初步研究 [J]. 食品科学, 2006(12): 152-156.

[58] U Rosenberg, BöGL W. Microwave pasteurization, sterilization, blanching and pest control in the food industry [J]. Food Technology, 1987, 41: 92-99.

[59] 武杰, 朱飞, 赵颖. 五香豆干微波杀菌真空包装加工工艺研究 [J]. 大豆科学, 2011, 30(4): 697-699.

[60] 谢丽娟, 张月团, 王洪娟, 等. 即食五香豆干生产工艺的优化 [J]. 中国调味品, 2011, 36(7): 89-92.

[61] 林琳, 代娅婕, 周昌倩, 等. 丁香精油纳米脂质体的制备及其在不同豆制品中的应用 [J]. 中国食品添加剂, 2016(09): 135-138.

[62] 迟明梅, 池玉静. 防腐剂在卤豆干中的应用 [J]. 中国调味品, 2017, 42(6): 105-108.

[63] 杨福馨, 陈基玉, 陆秀萍, 等. 生物调节保鲜膜对山药/大蒜组合的保鲜包装研究 [J]. 包装学报, 2015(1): 7-11.

[64] HE Yu-tang, SONG Shan-shan, XIE Yu-mei, et al. Effects of pulsed light and UV irradiation on fresh corn quality during storage period [J]. Science and Technology of Food Industry,

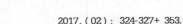

2017, (02) : 324-327+ 353.

[65] 杨学岩，周维. 色差的测量和评定方法及应用 [J]. 现代涂料与涂装，2014 (9)：1-4, 29.

[66] 王栋，李崎. 食品感官评价原理与技术 [M]. 北京：中国轻工业出版社，2001.

[67] 孙长颢. 营养与食品卫生学 [M]. 第 7 版. 北京：人民卫生出版社，2012.

[68] 马志春. 食醋中醋酸对食品指标微生物的作用研究 [J]. 食品安全导刊，2015 (16)：30-32.

[69] 韩景田，叶路，屈野，等. 食盐对十三种细菌标准菌株最低抑菌浓度测定 [J]. 中国卫生检验杂志，1999 (6)：481.

[70] 柴洋洋，葛菁萍，宋刚，等. 传统发酵豆酱中酵母菌的分离、筛选及功能酵母的鉴定 [J]. 中国食品学报，2013 (3)：183-188.

[71] 王洪江，孙诚，曲颖. 食品包装复合材料现状及发展趋势 [J]. 包装与食品机械，2009，27 (1)：58-62.

[72] 邓钰. 浅谈食品活性抗菌包装技术 [J]. 印刷质量与标准化，2010 (7)：14-17.

[73] HU D Y, WANG H X, WANG L J. pHysical properties and antibacterial activity of quaternized chitosan/carboxymethyl cellulose blend films [J]. LWT-Food Sci Technol, 2016, 65: 398-405.

[74] CHEN G L, ZHENG X, HUANG J, et al. Three different low-temperature plasma-basedmethodsfor hydropHilicity improvement of polyethylene films at atmospHeric pressure [J]. Chin pHys B, 2013, 22 (11): 115206-115207.

[75] 朱艳华，张鹏，李江阔，等. 纳他霉素复配丙酸钙对冰箱贮藏绿芦笋保鲜效果的影响 [J]. 保鲜与加工，2017，17 (2)：19-24, 30.

[76] SEQUEIRA S O, pHILLIPS A J L, CABRITA E J, et al. Antifungal treatment of paper with calcium propionate and parabens: Short-term and long-term effects [J]. Int Biodeterior Biodegrad, 2017, 120: 203-215.

[77] 蒋硕，杨福馨，张燕，等. 丙酸钙改性聚乙烯醇包装薄膜性能研究 [J]. 食品工业科技，2015 (2)：308-312.

[78] QUILES A, HERNANDO I, PÉREZ-MUNUERA I, et al. Effect of calcium propionate on the microstructure and pectin methy-lesterase activity in the parenchyma of fresh-cut Fuji apples [J]. J Sci Food Agric, 2007, 87 (3)：511-519.

[79] HU S F, WANG H L, HAN W Y, et al. Development of double layer active films containing pomegranate peel extract for the application of pork packaging [J]. J Food Process Eng, 2016, DOI：10. 1111/jfpe. 12388.

[80] WANG H, YANG C X, WANG J, et al. EVOH films containing antimicrobials geraniol and α-Terpilenol extend the shelf life of snakehead slices [J]. Packaging Technol Sci, 2017, DOI：10. 1002/pts. 2301.

[81] GOLIAS J, BEJCEK L, GEATZ P, et al. Mechanical resonance method for evaluation of peach fruit firmness [J]. Hortscience, 2003，30 (1)：1-6.

[82] YANG H, LI L, YANG F X, et al. Preparation and properties of complex antioxidants LDPE antioxidant film [J]. Adv Mater Res, 2014，989-994：519-522.

[83] 张勇，杨福馨，户帅锋，等. 聚乙烯醇/蒙脱土纳米复合薄膜的制备与性能研究 [J]. 功能材料，2015，11 (46)：11144-11147.

[84] WANG S J, YU J G, YU J L. Preparation and characterization of coMPatible and degradable thermoplastic starch/polyethylene film [J]. J Polym Environ, 2006, 14(1): 65-70.

[85] MU C D, GUO J M, LI X Y, et al. Preparation and properties of dialdehyde carboxymethyl cellulose crosslinked gelatin edible films [J]. Food Hydrocolloids, 2012, 27(1): 22-29.

[86] 杜会云, 赵寿经, 王新伟, 等. 壳聚糖、溶菌酶和牛至油对大豆分离蛋白膜抑菌效果的影响 [J]. 食品与发酵工业, 2011(1): 52-56.

[87] BENAVIDES S, VILLALOBOS-CARVAJAL R, REYES J E. pHysical, mechanical and antibacterial properties of alginate film: Effect of the crosslinking degree and oregano essential oil concentration [J]. J Food Eng, 2012, 110(2): 232-239.

[88] SRINIVASA P C, RAMESH M N, KUMAR K R, et al. Properties and sorption studies of chitosan-polyvinyl alcohol blend films [J]. Carbohyd Polym, 2003, 53(4): 431-438.

[89] 杨福馨, 周骏. 包装塑料薄膜透氧性测试技术及分析 [J]. 中国包装工业, 2003, 112(10): 40-43.

[90] 蒋硕, 杨福馨, 张燕, 等. 改性抗菌聚乙烯醇包装薄膜的性能研究 [J]. 食品与机械, 2014(3): 114-117, 136.

[91] 马永强, 韩春然, 刘静波. 食品感官检验. [M]. 北京: 化学工业出版社, 2005.

[92] 杜锋, 雷鸣. 电子鼻及其在食品工业中的应用 [J]. 食品科学, 2003(5): 161-163.

[93] Ampuero S, Bossert J O. The electronic nose applied to dairy products: a review [J]. Sens Actuators B, 2003, 94: 1-12.

[94] 李阳, 陈芹芹, 胡雪芳, 等. 电子舌技术在啤酒口感评价中的应用 [J]. 食品研究与开发, 2008, 12(11): 122-126.

[95] 李里特. 传统豆制品的机遇和创新 [J]. 粮油加工与食品机械, 2006, (3), 26, 22.

[96] 陈平, 胡洁云, 严维凌, 等. 传统非发酵豆制品贮藏过程中微生物变化及预测模型初建 [J]. 大豆科学, 2012, 31(05): 834-837+ 841.

[97] 魏雪琴, 李致瑜, 潘廷跳, 等. 糖醋麻竹笋加工工艺的研究 [J]. 长江蔬菜, 2012(02): 73-77.

[98] 王薇. 李荞的保健功能及加工利用 [J]. 食品与药品, 2005, 7(4A): 45- 48.

[99] 邱松山, 李喜宏, 胡云峰. 壳聚糖/纳米 TiO_2 复合涂膜对鲜切辈荞保鲜作用研究 [J] 储运与保鲜, 2008, 34(1): 149-151.

[100] 庞学群. 防褐处理对切分荸荠、马铃薯低温贮藏期间褐变的影响 [J]. 食品科学, 2002, 23(4): 126-130.

[101] 杨寿清. 荸荠常温保鲜技术 [J]. 无锡轻工业大学学报, 2003, 22(6): 92- 95.

[102] 尹璐, 彭勇, 梅俊, 等. 不同涂膜保鲜处理对荸荠品质变化的影响 [J]. 食品科学. 2013, 34(20): 297-301.

[103] Peng L T, Jiang Y M. Exogenous salicylic acid inhibits browning of fresh cut Chinese water chestnut [J]. Food Chemistry, 2006, 94(4): 535-540.

[104] Jiang Y M, Pen L T, Li J R. Use of citric acid for shelf 1ife and quality maintence of fresh-cut Chinese water chestnut [J]. Journal of Food Engineering, 2004, 63(3): 325-328.

[105] Pen L T, Jiang Y M. Effects of chitosan coating on shelf 1ife and quality of fresh-cut Chinese water chestnut [J]. Lebensmittel-Wissenschaft und-Technologie, 2003, 36(3):

359-364.

[106] 郑永华. 食品贮藏保鲜 [M]. 北京: 中国计量出版社, 2006.

[107] 南海娟, 高愿军. 鲜切水果保鲜研究进展 [J]. 食品与机械, 2005, 22 (4): 66-68.

[108] 周会玲. 鲜切果蔬的加工与保鲜技术 [J]. 食品科学, 2001, 22 (8): 82-83.

[109] 张学杰, 刘宣生, 孙润峰. 切割果蔬的质量控制及改善货架期的途径 [J]. 中国农业科学, 1999, 32 (3): 72-77.

[110] 刘晓燕, 何靖柳, 胡可, 等. 气调包装对鲜切果蔬安全控制研究进展 [J]. 分子植物育种, 2018, 16 (2): 607-613.

[111] 龙成梅, 杨鼎, 杨卫. 果蔬保鲜剂的研究进展 [J]. 广州化工, 2014 (23): 44-45.

[112] Baniele D, Katia G, Maria H. Ascorbic acid retaing using a new calcium alginate-capsul based edible film [J]. Journal of Microencapsulation, 2009, 26 (2): 97-103.

[113] Peressini D, Bravin B, Sensidoni A. Tensile properties, water vapour permeabilities and solubilities of starch-methylcellulose-based edible films [J]. Ital J Food Sci, 2004 (16): 5-16.

[114] Cheng-Pei C, Be-Jen W, Yih-Ming W. pHysiochemical and antimicrobial properties of edible alone/getatin Journal of Food Science and Technology, 2010, 45 (5): 1050-1055.

[115] Javier O, Sandra N, Khalid Z, et al. Potato starch edible films to control oxidtive rancidity of polyunsaturted lipids: effects of film composition, thickness and water activity [J]. International Journal of Food Science and Technology, 2009, 44 (7): 1360-1366.

[116] Ellen H, Sverrea S. Effect of pectin type and plasticizer on in vitro mucoadhesion of free films [J]. pHarmaceutical Development and Technology, 2008, 13 (2): 105-114.

[117] Pierro D, Mariniello L, Giosafatto C V L, et al. Solubility and permeability properties of edible pectin-soy flour films obtained in the absence or presence of transglutaminase [J]. Food Biotechnology, 2005, 19: 37-49.

[118] Li L, John F K, Joe P K. Effect of food ingredients and selected lipids on the pHysical properties of extruded edible films/casings [J]. International Journal of Food Science and Technology, 2006, 41 (3): 295-302.

[119] 朱丹实, 郭小飞, 刘昊东. 可食性大豆皮果胶膜的制备及膜性质研究 [J]. 食品科学, 2011, 32 (8): 116-120.

[120] 盛灵芝, 曾巧华, 丘建峰, 等. 可食性涂膜保鲜技术在食品中的应用进展 [J]. 广东化工, 2017, 44 (12): 166-167.

[121] 李亚慧, 吕恩利, 陆华忠, 等. 鲜切果蔬包装技术研究进展 [J]. 食品工业科技, 2014, 35 (16): 344-348.

[122] 方宗壮, 段宙位, 窦志浩, 等. 真空包装结合低温处理对鲜切菠萝贮藏品质的影响 [J]. 食品工业科技, 2018, 39 (6): 259-264.

[123] 张平. 农产品保鲜新技术研究动态与发展趋势 [J]. 农机质量与监督, 2005 (5): 19-23.

[124] 田维娜, 明建, 曾凯芳. 采用响应曲面法研究热处理对鲜切荸荠色泽的影响. 食品科学. 2009, 30 (8): 291-296.

[125] 邓丽莉, 明建, 田维娜. 乙醛熏蒸处理对鲜切荸荠品质变化的影响. 食品科学. 2010, 31 (2):

233-236.

[126] 窦同心，孟祥春，张爱玉. 不同菠萝品种杀菌剂和褐变抑制剂对鲜切菠萝贮藏品质的影响. 农产品加工. 2011,（4）：12-19.

[127] 周雄祥. 莲藕气调贮藏保鲜技术研究 [D]. 湖北：华中农业大学，2007.

[128] You, Y. L., Jiang, Y. M, Sang, L. L., et al. Browning inhibition and shelf extention of fresh-cut Chinese water chestnut by short N2 treatments [J]. Acta Hort（ISHS）. 2006, 712: 671-676.

[129] 廖小军，胡小松. 果蔬的"最少加工处理"及研究状况 [J]. 食品与发酵工业. 1998, 24（6）：39-41、48.

[130] 崔爽. 果蔬保鲜包装. [J]. 包装工程，2007,（4）：185-192.

[131] 王男，王晓敏. 我国农产品保鲜包装及发展趋势 [J]. 中国包装，2007, 3：49-50.

[132] 蔡金龙，王欲翠，周学成，等. 微孔膜果蔬气调保鲜研究进展 [J]. 食品工业科技，2017（16）：324-329+335.

[133] Mastromatteo M, Lucera A, Lampignano V, et al. A newapproach to predict the mass transport properties of micro-perforated films intended for food packaging applications [J]. Journal of Food Engineering，2012, 113（1）：41-46.

[134] 王馨，胡文忠，陈晨，等. 纳米材料在果蔬保鲜中的应用 [J]. 食品与发酵工业，2017, 43（01）：281-286.

[135] MA L, ZHANG M, BHANDARI B, et al. Recent developments in novel shelf life extension technologies of fresh-cut fruits and vegetables [J]. Trends in Food Science & Technology, 2017, 64: 23 -38.

[136] HUANG J Y, LI X, ZHOU W. Safety assessment of nanocomposite for food packaging application [J]. Trends in Food Science & Technology, 2015, 45（2）：187-199.

[137] 孙新，黄俊彦，吴双岭，等. 纳米复合包装材料的研究与应用进展 [J]. 塑料科技，2012, 40（12）. 100-103.

[138] 萨仁高娃，胡文忠，修志龙，等. 可食性活性涂膜在鲜切果蔬保鲜中的应用 [J]. 食品安全质量检测学报，2015, 6（07）：2427-2433.

[139] 戴桂芝. 包装与杀菌对速成低盐酱菜保质期的影响 [J]. 中国调味品，2007（10）：59-62.

[140] Nobuyuki KURITA and shigeru KOIKE. Synergistic Antimicrobial Effect of Acetic Acid, Sodium Chloride and Essential oil Components [J]. Agricultural and Biological Chemistry, 1982, 46: 1655.

[141] SOFOS J N. Antimicrobial effects of sodium and other ions in foods: a review [J]. Journal of Food Safety, 1984, 6（1）：45-78.

[142] Rolland F, Baena-Gonzalez E, Sheen J. Sugar sensing and signaling in plants: Conserved and novel mechanisms [J]. Annual Review of Plant Biology, 2006, 57: 675- 709.

[143] Eveland AL, Jackson DP. Sugars, signaling, and plant development [J]. Journal of Experimental Botany, 2012, 63: 3367-3377.

[144] 徐根娣，冷云伟. 食醋的功能性 [J]. 江苏调味副食品，2009（1）：27-29.

[145] 张二芳，王莉，米静静. 五种调味品的抑菌性研究 [J]. 中国调味品，2014, 39（05）：20-22.

[146] 杜荣茂，刘海森，何唯平. 脱氢醋酸钠、丙酸钙及其复配形式在面包中的防腐作用 [J]. 食品与饲料工业，2001（8）：60-61.

[147] 卫一其. 丙酸钙对面包防霉效果观察 [J]. 中国公共卫生管理，2002，18（6）：91.

[148] EL-Shenewy, M. A. & Marth, E. H. Behavior of Listeria monooytogenes in the presence of sooium propionate together with food acids [J]. Food Prot, 1992, 55：241-245.

[149] 罗欣，朱燕，唐建俊，等. 丙酸钙在真空包装鲜牛肉保鲜中的应用研究 [J]. 1998, 2：40-42.

[150] 丁晓彤，杨福馨，邱艳娜，等. 生鲜香豆干常温保鲜工艺研究 [J]. 食品与机械，2017，33（11）：122-126.

[151] 王鸿飞，邵兴锋. 果品蔬菜贮藏与加工实验指导 [M]. 北京：科学出版社，2012.

[152] 杨学岩，周维. 色差的测量和评定方法及应用 [J]. 现代涂料与涂装，2014，9（14）：1-4，29.

[153] 曹建康，蒋微波，赵玉梅. 果蔬采后生理生化指导 [M]. 北京：中国轻工业出版社，2007.

[154] 王梅，徐俐，王美芬，等. 复合保鲜剂对鲜切山药保鲜效果的影响 [J]. 食品与机械，2017，33（5）：134-140.

[155] 杜运鹏. 纳米改性聚乙烯醇（PVA）抗氧复合包装薄膜的制备及对鲜切山药保鲜的应用 [D]. 上海：上海海洋大学，2017.

[156] BOUDET A M. Evolution and current status of research in pHenolic compounds [J]. Cheminform, 2007, 68（22/23/24）：2 722.

[157] MASSOLO J F, CONCELLÓN A, CHAVES A R, et al. 1-Methylcyclopropene（1-MCP）delays senescence, maintains quality and reduces browning of non-climacteric eggplant（Solanum melongena, L.）fruit [J]. Postharvest Biology & Technology, 2011, 59（1）：10-15.

[158] 罗海波，何雄，包永华，等. 鲜切果蔬品质劣变影响因素及其可能机理 [J]. 食品科学，2012，33（15）：324-330.

[159] 林顺顺，李瑜，祝美云，等. 大豆分离蛋白复合涂膜对鲜切马铃薯保鲜研究 [J]. 食品与机械，2010，26（6）：37-39，74.

[160] 杨莹. 草酸处理对去皮荸荠块茎的保鲜效果及其作用机制研究 [D]. 杭州：浙江工商大学，2016.

[161] 童刚平. 鲜切荸荠酶促褐变及褐变控制研究 [D]. 雅安：四川农业大学，2005.

[162] AZZI A, BATTINI D, PERSONA A, et al. Packaging Design: General Framework and Research Agenda [J]. Packaging Technology and Science, 2012，25(8)：435-456.

[163] 黄志刚，刘凯，刘科. 食品包装新技术与食品安全 [J]. 包装工程，2014，35（13）：161-166.

[164] 刘婧，胡长鹰，曾少甫. 壳聚糖/尼泊金酯共混膜的制备及性能研究 [J]. 食品与机械，2016（3）：131-136.

[165] 杜会云，赵寿经，王新伟，等. 壳聚糖、溶菌酶和牛至油对大豆分离蛋白膜抑菌效果的影响 [J]. 食品与发酵工业，2011（1）：52-56.

[166] 魏丽娟，杨福馨，杜运鹏. 改性聚乙烯防雾薄膜的性能研究 ［J］. 功能材料，2017，48（2）：2215-2220.

[167] SRINIVASA P C, RAMESH M N, KUMARKR, et al. Properties and sorption studies of chitosan-polyvinyl alcohol blend films ［J］. Carbohyd Polym, 2003，53（4）：431-438.

[168] Daniel Jose da Silva, Hélio Wiebeck. Using PLS, iPLS and siPLS linear regressions to determine

thecomposition of LDPE/HDPE blends: A coMParison between confocal Raman and ATR-FTIR spectroscopies [J]. spectroscopies Vibrational Spectroscopy，2017; 259-266.

[169] 黄安平，朱博超，贾军纪，等. 国内线性低密度聚乙烯现状 [J]. 广州化工，2011（3）：28-29.

[170] 陈基玉. 聚乙烯醇改性无纺布抗菌复合膜的制备及其对干鱼片抗菌保脆效果的研究 [D]. 上海：上海海洋大学，2017：11.

[171] 杨立颖. 高阻隔性抗氧化抗菌食品包装纸的研制 [D]. 天津：天津科技大学，2015.

[172] 侯欣宇，王丽，李爽，等. 抗菌纸的研究进展 [J]. 纸和造纸，2017，36（4）：26-29.

[173] 赵亚珠，郝晓秀，孟婕，等. 抗菌食品包装纸的研究现状及发展趋势 [J]. 包装工程，2018，39（15）：88-94.

[174] 陈基玉，杨福馨，魏丽娟，等. 聚乙烯醇改性无纺布抗菌复合膜的制备及其性能研究 [J]. 食品与机械，2016，32（12）：124-127.

[175] 丁晓彤，杨福馨，邱艳娜，等. 丙酸钙改性 CP-EF 抑菌防霉薄膜的制备及性能研究 [J]. 塑料工业，2018，46（1）：147-151.

[176] 魏丽娟，杨福馨，武军，等. PGFE/BOPP 防雾薄膜的制备与性能研究 [J]. 食品与机械，2016，32（6）：185-188.

[177] HU Dong-ying, WANG Hai-xia, WANG Li-juan. pHysical properties and antibacterial activity of quaternized chitosan/carboxymethyl cellulose blend films [J]. LWT-Food Sci Technol, 2016, 65: 398-405.

[178] Ghasemlou M, Khodaiyan F, Oromiehie A. pHysical, mechanical, barrier, and thermal properties of polyol-plasticized biodegradable edible film made from kefiran [J]. Carbohydr Polym, 2011, 84（1）: 477-483.

[179] 谭才邓，朱美娟，杜淑霞，等. 抑菌试验中抑菌圈法的比较研究 [J]. 食品工业，2016，37（11）：122-125.

[180] 黄崇杏，鲍若璐，王磊，等. ε-聚赖氨酸抗菌剂的制备及其在食品包装纸中的应用 [J]. 包装工程，2010，31（21）：37-40，44.

[181] 潘晓倩，张顺亮，乔晓玲，等. 复配抑菌剂对两种腐败菌抑制效果评价 [J]. 中国食物与营养，2015，21（9）：48-52.

[182] 邱艳娜，杨福馨，丁晓彤，等. 抗菌聚乙烯薄膜的制备及性能研究 [J]. 塑料工业，2017，45（12）：125-128，132.

[183] 张立娟. 抗菌塑料的研究进展简述 [J]. 广州化学，2016，41（01）：76-79.